U0193206

中国制造
1949—1999
中国工业设计谱系
MADE IN CHINA   INDUSTRIAL DESIGN IN CHINA

刘斐 著

上海人民美术出版社

序

　　研究历史的意义之一在于通过解读史料，了解当下和创造未来。中国工业设计历史的研究需要以设计成品或成果为基础，从不同角度观察其特征及发展脉络。谱系化的整理工业设计史是研究的起点，也是研究的成果。

　　中国工业设计史的研究没有赶上历史学宏大叙事的时代。在传统设计史研究处于徘徊状态的今天，应用史学的新研究方法变得尤其重要。传统的研究方法以考据、归纳为重点，新研究方法则侧重实证、建立谱系，前者宏观，后者微观。这种研究方法的改变给设计史研究者提供了新的思路，但也考验他们的耐心及能力，尤其这样的研究方法需要他们研读经济学、社会学、技术史等相关著作。得益于十余年来对中国工业产品、相关文献的收集与整理，以及采访设计师工作的持续，本书作者跳出窠臼，将中国工业设计史中众多的、被遗忘的细节呈现给读者，也为工业产品谱系的形成提供了可能，这开创了设计史写作新模式。

　　从历史发展的角度来看，中国的工业设计在不同的历史时期一直回应着社会需求，其中以下几个时间节点和事情非常值得记忆。中国工业产品链构建阶段：国家第一个五年计划确定了优先发展重工业的基本战略，苏联援助的 156 个项目为我国建立了比较完整的基础工业体系和国防体系。20 世纪 50 年代中、后期及 60 年代初，新中国一大批重要工业产品相继诞生，并且初步构成一个互为关联的"产品链"。这些产品都是在参考资料极其稀少的情况下，凭着所有参与者的热情、胆量、智慧与坚持，在无数次失败中创造的奇迹。正是因为各类装备产品先行，其他工业产品的设计制造才能迅速发展，随后上海等地的工业技术、资源、人才向各地转移、扩散，中国工业产品链在 20 世纪 70 年代初基本完善。此后，中国工业制造企业不同程度地完成了一次技术设备升级改造，以适应市场对提升产品品质的需求。

　　改革开放后，在轻工业优先发展政策下，工业产品进入更新升级阶段：1979 年党中央对经济工作提出了"调整、改革、整顿、提高"的八字方针，从根本上促进了各类产品的更新换代，增加产品样式、品种，淘汰滞销商品成为当时主流思想。轻工业部率先向德国、日本派遣工业设计留学生，其所属院校、企业更是迅速行动起来，工程、美术、工艺美术各领域人员互相取长补短，以"设计实践智慧"着重推动了轻工业"国货"的大踏步发展。伴随着南方地区的"来料加工、来样定制、来件组装、补偿贸易"

的经济模式发展，广东的轻工业产品以新颖、具有电子时代的特征吸引了大量消费者。

以后的新兴产业融合发展阶段：在工业化、信息化两化融合、实现绿色可持续发展方针指导下，全球集成创新、协同创新成为打造中国工业产品核心竞争力的重要途径，工业设计在其中发挥着巨大的作用。

本书从呈现的内容来看，显然是采用了"历时性"的叙事方法来展现 1949-1999 年中国工业设计的成果，但是深究一下，可以发现作者的研究是沿着两个维度来展开的。其一是显性的，是"谱系实证"的维度，试图将各行业设计的现象、成果编制成谱系，但是尽可能消解"线性历史"的叙事，同时展现各个行业设计的"共时性"，引导读者从中发现特定阶段工业设计的一些共同特征。这种谱系整理费时费力，但却是发现问题的突破口，这种研究方法显然是受到了年鉴学派研究方法的启发。其二是隐性的，是"文化实证"维度，通过展示漫长的谱系，试图证明中国的工业设计是在一种工业制度、价值判断中发生的，因而它具备了产业文化的特征，这种工作除了要研读大量史实资料外，还需要有极大的勇气来建构。

本书的作者熟谙西方各个科技博物馆、设计博物馆的内容，并且了解世界各国将自己的工业设计成果，以某种方式或线索呈现在大众面前，其背后是有一大批学者在潜心发掘、梳理、整理、研究历史，并形成观点，构建历史，然后不断向全球传播。这赋予了工业设计文化的权利。但并不是有工业设计，就具有设计文化，虽然有时候工业设计可以延展到文化。

为此，作者不求面面俱到"点名簿"式的建构谱系，而是认定中国工业设计依然从属于经济、技术与社会。同时，作者也强烈地意识到，谱系的建构是研究新的中国工业设计知识体系和文化话语体系的基础，只有这样才能够做到如科学史学家萨顿所言：在旧人文与新技术之间建立一座沟通的桥梁。这样这段历史才能成为今天中国工业设计高速发展时代反思、批判的思想资源，而不是被简单地视作一种"怀旧"。

十多年前，华东师范大学设计学院开始系统地收集中国近现代工业设计历史的原始资料，包括文献、实物和人物采访及影像资料。四年前，学院成立了中国近现代设计文献研究中心，在出版、发表具有广泛影响力的专著、论文的同时，孜孜不倦地完善着中国工业设计大谱系的工作。作为阶段性的研究成果，本书填补了中国工业设计史研究领域的一个空白，同时也是一本可以让更多的设计史研究学者，甚至设计爱好者了解中国工业设计发展历史的入门之作。

华东师范大学设计学院院长、教授

魏劭农

2021 年 4 月 6 日

前 言

　　新中国工业设计发展史，就是新中国人民运用智慧创造新中国，构建新生活的历史。经济与社会的变革让中国工业设计发展之路曲折、多样、快速且成果丰硕。回溯这段历程，理解这段历史，需要我们用"大谱系"的视野去梳理产品的纵横脉络，在立体列陈新中国的工业设计产品谱系中，还原产品"诞生"的历史场景，在繁多、复杂、交织且广泛联系的场域中更加全面、多角度地回望中国工业设计发展历史，进而了解这些产品对于过去、现在与将来所具有的意义。

　　中国工业设计的发展，体现在设计观念的演变，工业体系、工程技术、生产模式、商业模式的发展变迁过程中，是科技、经济、文化、审美融合发展的物化轨迹，是我们真实生活的一面镜子。本书打破产品品类界限，将产品打散并述，尝试还原产品间的"共时性"特征，恢复产品间的关联，在更贴近真实历史中发现、了解、理解中国工业设计发展进程。

　　本书梳理了 1949—1999 年新中国轻工产品、电子信息产品、交通工具和重工业产品，大到飞机、轮船、万吨水压机，小到搪瓷盆、器皿和玩具，以时间为轴进行编排，我们发现每个年代工业发展的特点，建国初期各类工业产品从无到有，六十年代逐步具备设计与制造能力，七十年代开始提高产品质量，八十年代消费需求与创新活力得到释放，各类产品爆炸式涌现，再到九十年代我国渐渐融入世界制造体系后，面对巨大的国际竞争压力，各行各业奋力追赶，创新意识开始觉醒。

　　这五十年间，我国生产的产品不计其数，而本书列选仅 800 余件，其原因是，它们是品类中第一款产品、第一款量产产品、获奖产品、当时销量最高的产品、生产工艺改进的代表产品、代表性出口产品、推动某领域发展的重要产品、改变人们生活方式的经典产品等。通过代表性产品的发展与更迭，以及产品间共时关联的并叙，逐步呈现新中国工业产品发展的全谱系脉络，让读者更轻松地走近中国工业设计发展历史，更准确地发现中国工业设计发展的规律，更深刻地理解中国工业设计发展的进程，更大胆地展望中国工业设计发展的未来。

　　本书是在对中国近现代工业设计历史资料的收集整理基础上，在不断地对比与考证过程中撰写完成。由于不同品类产品其设计、定型、试生产、小批量生产、大批量生产等时间节点不一，因此本书中所列产品生产时间主要以批量生产时间为准，仅有试制、小批量生产产品除外。

本书可以作为中国工业设计史研究的目录，相关学术研究的基础，同时，本书图文并茂的形式也能更好地满足一般读者的阅读需要，让更多的读者在丰富多元的产品谱系中，了解中国工业设计波澜壮阔的发展历程。

本书是华东师范大学中国近现代设计文献研究中心系列研究成果之一。

特别感谢沈榆教授为本书撰写提供的大量珍贵资料和悉心指导。感谢华东师范大学设计学院魏劭农院长对本书出版的大力支持。感谢朱钟炎教授、顾传熙教授、傅月明教授提供的珍贵设计资料。感谢中国工业设计博物馆对本书材料搜集所给予的协助，感谢毛溪教授在前期资料搜集过程中给予的帮助。

感谢张晨阳、牛力、忻圆、魏萱、王思行、曹雅婷、谢美欣、汤麒民、张渊博、沈昕玥、陈韵卿、王正、吴佳儒、顾相岚、班鹤超、黄丹、郭美辰、洪丽娟、杨璐嘉、王璐瑶、于博、何升干、徐雅、许晗清、王鑫、宋奕真、陈燕南、侯志莹、俞岱瑶、陈晓东、刘佳丽、孟鸿等同学在本书撰写过程中所做的大量基础工作。

感谢编辑孙青女士为本书出版所付出的努力和给予的帮助！

目录

中国制造
MADE IN CHINA

1949 年以后，新中国在错综复杂的国内国际环境中战胜了一系列严峻挑战，逐步站稳了脚跟。"一穷二白"的落后农业国如何向工业化国家发展，如何推动经济文化进步来满足人民需求的问题成为新中国面对的核心任务。1956 年，"八大"做出了党和国家的工作重点必须转移到社会主义建设上来的决策。1953 年至 1957 年，国家第一个五年计划确定了优先发展重工业的基本方针。由此开始了中国人谋求发展，构建新中国基础工业体系的实践之路。

重工业是工业体系的根基，材料加工设备制造、机械加工设备制造、交通运输工具制造等重工领域，直接决定着是否有能力去构建不同领域的工业体系。优先发展重工业，成为第一个五年计划中国家工业化发展的重点。苏联援助中国的 156 个建设项目，为我国建立完整的基础工业体系和国防体系奠定了基础，成为新中国各领域工业化发展的起点。

20 世纪 50 年代产品谱系中，能够为我们立体呈现出国家工业化发展的起步进程。人们尝试着在苏联援建项目的基础上，以及在引进其他国际先进技术过程中，不断提高自己的技术能力,研发替代进口的自主产品。在这一"从无到有"的发展时期，技术的强约束与硬导向特征十分明显。

这也使得这一时期的产品谱系中机床、蒸汽机、汽车、摩托车、拖拉机、坦克、飞机、手表、收音机、电风扇、照相机、自行车、玩具等各领域"奠基"性产品的集中涌现。与此同时，搪瓷制品、陶瓷制品、缝纫机等相对低技术含量的轻工产品也扮演着重要的历史角色，一方面满足人们日常所需，另一方面也在承担着供应出口，换取外汇的重要任务。

这一时期我们能够看到设计者为产品研发所做的设计努力。不断尝试将传统的符号、图案、工艺、材料与新产品进行结合，尝试用中国传统的审美方式去表现、诠释现代产品。这些设计实践开启了中国现代工业设计思想建立与发展的历程。

和平鸽坦克

（1952 年）

冰激凌车铁皮玩具

（1957 年）

惯性金属玩具

（1950 年）

上海康元玩具厂、胜泰玩具厂先后试制成功惯性金属玩具,包括惯性汽车、坦克、拖拉机、飞机等,先后出口到东欧等国。

小朋友积木

（20 世纪 50 年代）

由北京市玩具六厂生产的积木玩具,启发儿童搭建建筑,是当时开发儿童智力的主力产品之一。

东风牌铁皮小轿车

（1958 年）

为了纪念中国历史上第一辆国产轿车——东风牌小轿车 MF032 的诞生,由康元玩具厂设计推出的一款惯性铁皮玩具车。

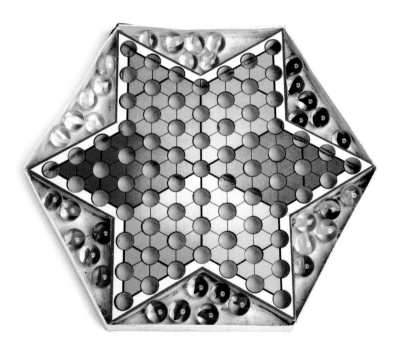

弹子跳棋

（20 世纪 50 年代）
该产品由上海中艺玩具厂生产，后大量
用于出口，赚取外汇。

青花大碗

（1950 年）

产品为直径 40 厘米青花大碗，多用于婚庆、祝寿等场合。产品通过工艺的改进，克服了制作过程中易于变形的问题，运用传统青花工艺营造出浓厚的喜庆气氛。

青花梧桐西式咖啡壶

（1950 年）

搪瓷口杯

（1950 年）

该产品通过搪瓷工艺，表现中国传统水墨画意境，并通过使用二方连续图案达到美化产品的目的。

"刀字"粗瓷餐具
（1950 年）

该系列陶瓷采用刀字纹样装饰。刀字纹样是茶树的写意形态，因为青花制作过程中是使用茶树油来调制的，为向这一工艺致敬，陶瓷艺人开发了这一类装饰纹样风格。也因为操作简单，且能够营造意境，而被广泛采用在粗瓷产品的装饰上。

青花梧桐果盘
（1952 年）

景德镇生产的青花梧桐果盘，采用分水工艺制造，表现出中国传统水墨画意境，具有强烈中国特色。这一工艺对手工艺人操作要求很高，因此产量不高，主要作为高档出口产品。图案在各种器型上应用，形成了很强的系列感。

玻璃糖缸

（20 世纪 50 年代）

青花玲珑加彩长碗

（20 世纪 50 年代）

该产品集合青花、玲珑、加彩等多种
工艺，提升产品的品质。这种多工艺
的产品对工人要求很高。

三角牌玻璃双喜对杯

（20世纪50年代）

随着玻璃杯成形机械化的不断改进，玻璃杯的产量、质量、品种等各方面都有了较大发展。以喜上眉梢双喜对杯为代表性产品，深受大众喜爱，该款产品一直生产至20世纪70年代。

"保卫和平"机制啤酒杯

（1952年）

青花梧桐高脚盏

（20世纪50年代）

披纱少女瓷雕

（20 世纪 50 年代）

创作者何念琪通过借鉴西方的同类
陶瓷产品表现技法，尝试将艺术与
工艺深度结合，在披纱少女瓷雕中
创制了与真纱巾相仿的瓷质饰彩纱
巾，赢得海内外收藏家的喜爱。

搪瓷人民杯

（1950 年）

该产品为锦隆搪瓷厂生产的人民杯，价廉耐用。

建国瓷

（1953 年）

由祝大年主导设计的建国瓷斗彩餐具，在景德镇以传统制瓷方式制作，主要用于人民大会堂国宴使用。

青花梧桐大缸

（20 世纪 50 年代）

景德镇生产的青花梧桐大缸，无论在工艺上还是在装饰设计上都受到了各方高度重视。青花梧桐大缸被认为是体现工厂整体工艺实力的代表性产品。

搪瓷食篮

（1952 年）

该食篮以工业标准组件形式生产，替代传统的手工竹制提篮，以达到方便携带食物的目的。外观装饰纹样众多，规格多样，是中国出口到国际市场的拳头产品。

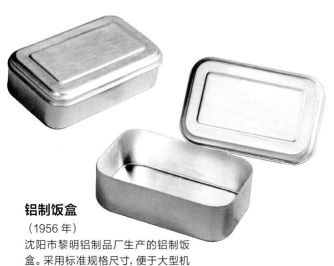

铝制饭盒

（1956 年）

沈阳市黎明铝制品厂生产的铝制饭盒。采用标准规格尺寸，便于大型机关、工厂食堂使用。

金钱牌搪瓷翻口面盆

（1950 年）

该产品盆体深、容量大，采用陶瓷传统纹样装饰，增加了产品的美观度。

金钱牌搪瓷茶盘

（1950 年）

顺风牌搪瓷翻口面盆

（1952 年）

由顺风搪瓷厂设计生产的 40 厘米搪瓷翻口面盆，表面采用了"奶黄双花"喷涂方式。

九星牌标准搪瓷面盆

（1956 年）

九星牌翻口面盆

（1959 年）

以长江航运客轮为题材设计的搪瓷面盆。其表面采用"白底双花"的喷涂方式。该产品成本较低，口大底小，水容量较小，主要满足城市消费者使用需求。

顺风牌搪瓷茶盘

（20 世纪 50 年代）

该产品由上海顺风珐琅厂生产。该盘根据花鸟名家创作的画稿，由技术工人经过复杂分版喷制完成。

顺风牌搪瓷面盆

（1959 年）

由上海顺风珐琅厂生产。

上海牌 555 型收唱两用机

（20 世纪 50 年代）

由上海广播器材厂集成当时无线电最新技术，使用相对高档的电器元件开发的一款产品。机身上两处"钢琴键"按键，保持了上海牌产品的造型语言。

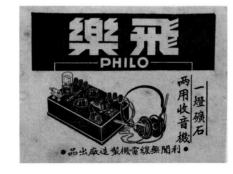

飞乐牌一灯矿石两用收音机

（1949 年）

利闻无线电机制造厂生产的飞乐牌一灯矿石两用收音机，这是最早的无线电收音机的雏形。

宇宙牌 507 型收音机

（20 世纪 50 年代）

这是上海利闻无线电机厂基于原有技术
生产的新产品。随着电子元器件质量的
提升，以及技术集成的不断成熟，上海利
闻无线电机厂更新了此款外观，使其更
具现代感。该产品主要满足普通家庭使
用需要。

中华牌 206 型电唱机
（1955 年）
由国营天津无线电厂研制生产
至今被很多家庭收藏。

东方红牌手表

（1956 年）

1956 年，上海市第二轻工业局
与上海钟表工业同业工会组织、
主导试制东方红牌手表。此表是
我国试制出的第二批细马手表。

和平牌手表

（1956 年）

和平牌手表与东方红牌手表同为
我国第二批试制手表，该表也由
上海市第二轻工业局与上海钟
表工业同业工会在 1956 年组织、
主导试制。

三五牌台钟

（1956 年）

公私合营后，三五牌台钟继承了
之前山形台钟的设计风格，形成
了标准化的系列产品。产品还有
八寸半（约 28.33 厘米）、十寸（约
33.33 厘米）等规格，搭配以不
同样式的钟壳。

五星牌手表
（1955 年）
1955 年 3 月天津公私合营华威钟表厂
（现为天津手表厂）试制出中国第一款国
产手表，定名为五星牌，1957 年更名为
五一牌。第一只五星表的试制成功，引起
巨大反响。

五一牌手表
（1957 年）
天津公私合营华威钟表厂（现为天津手
表厂）研制成功的中国第一只批量生产
的手表——五一牌手表正式出厂。该产品
的诞生为中国手表工业快速发展奠定了
基础。

东方红牌 82-Y 型收音机

（1959 年）

该收音机由国营汉口无线电厂于 1959 年出品，是国标一级收音机。

上海牌 133 型收音机

（1959 年）

该收音机由上海广播器材厂于 1959 年出品，同样也是国标一级收音机。

熊猫牌 601-1 型收音机

（1956 年）

1956 年 4 月 30 日国营南京无线电厂试制成功熊猫牌 601 型六灯三波段收音机。熊猫牌 601-1 型收音机是熊猫牌 601 型收音机的后继系列产品之一，基本沿用了 601 型的外形设计。收音机外壳使用注塑工艺，呈上窄下宽的梯形，中间饰以镀铬的装饰线。该收音机为三波段超外差收音机，可收听国内外中短波调幅广播电台节目，此外还备有扩音器插孔，可外接电唱机播放唱片。熊猫牌 601-1 型收音机是 20 世纪 50 年代的经典产品。

上海牌 A-581 型手表

（1958 年）

上海手表厂生产的上海牌 A-581 型手表深受全国人民喜爱,总产量达 100 万只,被誉为"中华第一表"。

上海牌 132 型收音机

（1959 年）

上海牌 132 型电子管收音机是由上海广播器材厂于 1959 年出品，是国标一级收音机。以塑料模仿象牙雕刻的钢琴键按钮凸显品质。

北京牌电视机

（1958 年）

国营天津无线电厂参照苏联旗帜牌 14 英寸电子管电视机，试制成功了我国第一台 35cm 电子管黑白电视机。冠名北京牌，被誉为"华夏第一屏"。

上海牌 452 型浮雕收音机

（1959 年）

该款收音机由上海广播器材厂生产，是 1959 年国庆十周年纪念款收音机。

熊猫牌 601-3G1 型收音机

（1958 年）

国营南京无线电厂设计生产的熊猫牌 601-3G1 型交流六灯三波段收音机，在 1964 年全国广播接收机观摩评比中获外观一等奖。

钻石牌机械秒表

(1959 年)

上海金声制钟厂的钻石牌机械秒表试制成功，该表主要用于科研、军事、航空航天、体育等领域。

北极星牌 N1 型闹钟

（1959 年）

烟台造钟厂按轻工业部 1959 年颁布的 N1 型统一机芯图纸组织生产的北极星牌 N1 型闹钟。闹钟采用传统景泰蓝纹样装饰整个产品。

三五牌挂钟

（20 世纪 50 年代 ）

该产品基于三五牌台钟的技术进行了拓展，用料考究，制造工艺精湛，品质突出。三五牌挂钟是当时百姓家中的贵重物品之一。

七一牌照相机

（1956 年）

为向中国共产党成立35周年献礼，天津公私合营照相机厂生产出我国第一架标准小型折叠式120照相机，并定名为七一牌。自此我国照相机制造行业开始具备了独立生产能力，标志着我国精密机械、光学仪器等科学技术综合水平迈上了一个新台阶。

幸福牌 120 简易相机

（1956 年）

1956年9月幸福牌I型照相机被定名并投入生产。幸福牌I型照相机坚固耐用、价格低廉且易学易用。前脸装饰图案的设计，体现出产品的形态特色。该相机由天津公私合营照相机厂生产。

沈阳牌 120 型照相机
（1959 年）
沈阳照相机厂参照理光Ⅵ型照相
机研制生产出沈阳牌 120 型照
相机。

上海牌 58-Ⅱ 型照相机
（1959 年）
上海牌 58-Ⅱ 型照相机是上海牌
58-Ⅰ 型照相机的改良款，采用
旁轴取景技术，是当时最高水平
的照相机产品，至 1961 年 5 月
共生产了 6 万台。

牡丹牌 911 型收音机

（1958 年）

牡丹 911 型九灯交流收音机，由
北京无线电厂于 1958 年出品，
是国标一级收音机。

中华牌 C84 型电唱机

（20 世纪 50 年代）

该款电唱机由大中华唱片厂设计
生产。大中华唱片厂后归属于中
国唱片公司。

熊猫牌 1501 型收放落地
机

（1958 年）

为迎接新中国成立 10 周年，国
营南京无线电厂于 1958 年生产
出熊猫牌 1501 型收放落地机，
这是设计师哈崇南所设计的一
套大型落地式组合式收音、放音
机，主要装备于人民大会堂等国
家公共活动空间中。同时该收音
机还作为国礼被赠送给国外元
首。

华生牌 AD-38 型电风扇

（1949 年）

这是新中国成立初期，由上海华生电机厂生产的简易产品。产品使用简易的调速装置，价格相对低，成为消费者的实惠选择。

华生牌 59AD30 型电风扇

（1959 年）

华生电扇的广告
（1961年）

双鸽牌中文打字机
（1952 年）

BD55 电传机
（1956 年）
由上海自行研制成功的 BD55 电传机，
是我国最早的国产电传机产品。

挂壁式电话
（1952 年）

飞鱼牌手摇计算机

（1952 年）

手摇计算机是在电脑没有普及前，在管理及科学研究等领域中被广泛使用的产品。

飞人牌缝纫机

（1952 年）

由上海第一缝纫机器制造厂生产。该机型具有英国、美国同类产品的功能、相近造型以及装饰，在国际市场上成为能够与其竞争的产品，是当时中国外贸主力产品之一。

6A 型工程车

（1950 年）

由三野特纵后勤修配总厂（后更名为南京汽车制造厂）改装的 6A 型工程车，主要服务于各种军事工程任务。

井冈山牌军用重型机器脚踏车

（1952 年）

1952 年 6 月 22 日，中国人民解放军第六汽车制配厂（后更名为北京汽车制造厂）试制成功第一辆井冈山牌军用重型机器脚踏车（即后来的摩托车），并在当年投入批量生产。该车的试制投产，标志着工厂技术水平的提高，由修配转变为制造。1953 年底，该车生产突破 1000 辆。

永久牌 28 寸标准定型平车

（1956 年）

28 寸标准定型平车是我国自行车行业第一辆自行设计、制造的公制标定车。1956 年上海自行车厂开始批量生产。至此，全国自行车生产部件采用公制，自行车零部件名称、产品设计规范和质量要求都得到了统一。

永久牌 26 寸 31 型轻便车

（1957 年）

1957 年 5 月，我国第一辆 26 寸轻便车诞生于上海自行车厂。这种定名为 31 型轻便车首次区分男式、女式车款。轻便车的问世，填补了我国自行车种类上的一项空白。

国防牌载重型脚闸自行车

（20 世纪 50 年代）

青岛自行车厂参照了德国同类产品生产制造了国防牌载重型脚闸自行车。产品前期主要装备部队使用，后转为民用产品。20 世纪 80 年代改为金鹿牌，保持之前产品的基本结构，并在产品防锈电镀技术方面达到了领先水平。

幸福牌 XF250 型摩托车

（1959 年）

上海自行车二厂以捷克著名的 JAWA250 型摩托车为仿制原型，成功试制幸福牌 XF250 型摩托车。主要装备部队和军事体育比赛，之后转为民用产品。由于产品性能优越，设计合理，后延伸出丰富的系列产品，深受使用者欢迎。

永久牌 81 型公路赛车

(1958 年)

上海自行车厂为第一届全国运动会研发设计了永久牌 81 型公路赛车，该车为国产第一代赛车，填补了国内赛车生产的空白。

BK540 无轨电车

（1956 年）

北京市无轨电车制配厂试制完成第一辆 BK540 无轨电车。该车采用解放卡车底盘，额定载客 83 人，填补了我国无轨电车生产的空白。

BK560 型铰接无轨电车

（1958 年）

该车由北京市无轨电车制配厂生产。

**解放牌 CA10 型
载重汽车**

（1956 年）

1956 年 7 月 13 日，第一批解放牌 CA10 型载重汽车在第一汽车制造厂试制成功。到 1986 年，第一汽车制造厂共生产解放牌系列汽车 128 万余辆。解放牌汽车的诞生为中国相关工业制造体系的建立和发展起到了引领作用。

长江牌 750 型摩托车

（1957 年）

国营洪都机械厂（现为航空工业江西洪都航空工业集团有限责任公司）成功装配长江牌 750 型摩托车，产品借鉴了苏联的同类产品，并于 1958 年开始大量生产，装备部队，后期转为民用领域。

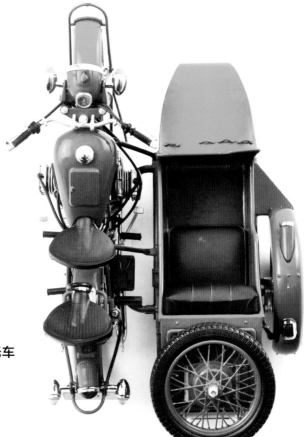

**长江牌 750 型摩托车
（军绿色）**

（1957 年）

东风牌 CA71 型小轿车

（1957 年）

第一汽车制造厂生产的东风牌 CA71 型小轿车是中国制造的第一辆轿车，以金龙作为车标。

上海牌 SH58-1 型 三轮载重汽车

（1958 年）

1957 年 12 月 26 日上海汽车装修厂（后更名为上海汽车装配厂）总装完成第一辆上海牌三轮载重汽车后，参考日本同类产品进行了改进，并定型为 SH58-1 型，主要用于城市街巷、船舶码头、工厂内部等场所运输使用。

东方红牌小轿车

（1959 年）

北京汽车制造厂在学习苏联产品基础上，结合美国同类产品的制造技术研制、生产了东方红牌小轿车，并通过了国家级鉴定。

59 式坦克

（1959 年）

1959 年 10 月 1 日，国营 617 厂（现为内蒙古第一机械集团公司）首批生产的 32 辆 T-54A 参加了建国十周年大阅兵，接受了党和国家领导人的检阅，这也是国产坦克首次公开亮相。1959 年底，国产 T-54A 被正式命名为 1959 年式中型坦克（简称 59 式坦克）。59 式坦克的自制成功，终结了中国无自制坦克的历史，从此中国坦克工业发展进入了快车道。

红旗牌 CA72 型高级轿车

（1959 年）

1958 年第一汽车制造厂重新设计红旗牌轿车，并定名为红旗牌 CA72 型高级轿车，于 1959 年第一季度完成设计、生产图纸，进行生产准备。该款轿车参加了 1959 年的国庆检阅典礼。

长江牌轻型越野车

（1958 年）

1958 年，上海汽车装修厂改名为上海汽车装配厂。同年，上海汽车装配厂成功试制长江牌轻型越野车。

五七型公交客车

（1958 年）

五七型公交客车一直使用到 20 世纪 80 年代初。该车型使用率占北京市公交线路的 80% 以上，成为这个特定历史阶段的"时代车""功勋车"。

东方红－54 型拖拉机

（1958 年）

第一拖拉机制造厂（现为中国一拖集团有限公司，下同）生产的新中国第一台东方红大功率履带拖拉机，成为中国拖拉机工业发展的起点。

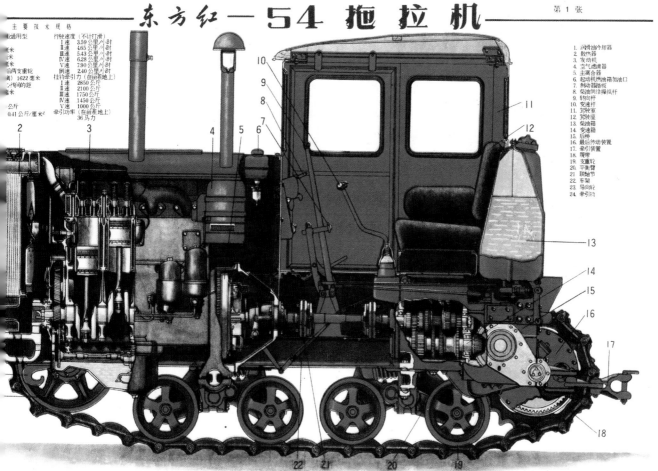

东方红—54 拖拉机

第 1 张

主 要 技 术 规 格

通用型

行驶速度（不计打滑）
Ⅰ速　3.59 公里／时
Ⅱ速　4.65 公里／时
Ⅲ速　5.43 公里／时
Ⅳ速　6.28 公里／时
Ⅴ速　7.90 公里／时
倒速　2.40 公里／时

后两支重轮
（米）1622 毫米
线间的距
挂钩牵引力（在前进着地上）
Ⅰ速　2850 公斤
Ⅱ速　2100 公斤
Ⅲ速　1750 公斤
Ⅳ速　1450 公斤
Ⅴ速　1000 公斤
0.41 公斤／厘米²
牵引功率（在前进着地上）
36 马力

1. 前润滑油冷却器
2. 散热器
3. 发动机
4. 空气滤清器
5. 主离合器
6. 起动机燃油箱加油口
7. 制动器踏板
8. 柴油供油操纵杆
9. 转向杆
10. 驾驶室
11. 驾驶室
12. 驾驶座
13. 柴油箱
14. 变速箱
15. 后桥
16. 最后传动装置
17. 牵引装置
18. 履带
19. 支重轮
20. 平衡臂
21. 联轴节
22. 车架
23. 导向轮
24. 牵引钩

解放型蒸汽机车（八一号）

（1952 年）

由四方机车车辆厂（现为中车四方机车车辆股份有限公司）生产的新中国第一台解放型蒸汽机车（八一号）顺利出厂。此后四方、大连、齐齐哈尔等机车厂先后批量生产该车型，1960 年停止生产，共制造了 455 台。它的诞生揭开了我国蒸汽机车制造史上的新篇章。

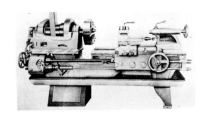

皮带车床

（1949 年）

1949 年，沈阳第一机器厂装配生产了 6 尺（约 2 米）皮带车床。

111A 型全齿轮车床

（1950 年）

1950 年年初，沈阳第一机器厂开始生产结构较复杂的 111A 型全齿轮车床，全年完成生产 149 台。

736 型牛头刨床

（1951 年）

该产品由沈阳第一机器厂试制生产。

虹 13 式万能工具磨床

（1950 年）

由上海虹江机械厂（上海机床厂前身）设计制造。

和平型蒸汽机车

（1956 年）

1956 年 9 月 26 日大连机车车辆工厂（现为中车大连机车车辆有限公司，下同）研制成功第一台中国自行设计的和平型蒸汽机车。

C620 机床

（1955 年）

我国首先根据苏联图纸和技术资料进行仿制，后通过改进试制成功了 C620-1 车床，投产仅 5 个月，产量就达 2200 台，一定程度上满足了当时工业生产的基本需求，填补了中国工业工作"母机"的空白，为后续设计制造各类普通车床、精密车床、特种车床奠定了基础。

建设型蒸汽机车
（1957 年）
建设型蒸汽机车是干线货运、调车及小转用机车,是大连机车车辆工厂（现为中车大连机车车辆有限公司,下同）在已经初步改造的解放型蒸汽机车的基础上进行设计开发的。1957 年 7 月大连机车车辆工厂试制成功第一台机车,并于同年 9 月投入批量生产。

前进型蒸汽机车
（20 世纪 50 年代）
由和平型蒸汽机车改进的前进型蒸汽机车,曾是我国铁路牵引的主型机车。同样,该车也是由大连机车车辆工厂生产。

"巨龙型"干线货运内燃机车
（1958 年）
由大连机车车辆工厂研制成功我国第一台"巨龙型"干线货运内燃机车,命名为东风,为后来东风系列机车设计发展奠定了基础。该款机车也同时用于北京地区客运列车牵引。

轰-6 飞机

（1959 年）

1959 年我国启动了新型轰炸机的研制工作，同年 9 月由西安飞机制造厂（现为中航西安飞机工业集团有限责任公司，下同）装配的轰-6 飞机首飞成功，并于 12 月交付空军部队使用。

东风 2 型直流电传动调车内燃机车

（1959 年）

该车由戚墅堰机车车辆工厂（现为中车戚墅堰机车有限公司，下同）生产。

歼-6 甲飞机

（1959 年）

1959 年 4 月经国家鉴定验收后，歼-6 甲飞机被批准投入生产。该飞机由国营松陵机械厂［现为中航沈阳飞机工业（集团）有限公司，下同］生产。

C868A 型精密丝杠车床

（1958 年）

1957 年，沈阳第一机床厂在 C868 型 I 级精密丝杠车床的基础上进行改进，于 1958 年试制成功 C868A 型 I 级精密丝杠车床。

T4128 型坐标镗床

（1958 年）

昆明机床厂通过测绘试制成功 T4128 型中国第一台坐标镗床，初步掌握其制造技术，为我国坐标镗床的发展迈出了第一步。T4128 型坐标镗床台面宽 280 毫米，采用电感应丝杆测量系统，坐标定位精度 9 微米。

中国制造
MADE IN CHINA

1960

　　20 世纪 60 年代，由于各种原因，国内工业发展受到一定程度的阻碍。1964 年 10 月 16 日，我国自行制造的第一颗原子弹爆炸成功，这是国防科技依靠自己的力量取得的一次重大突破，也为其他领域自主设计、研发、生产产品，自主发展工业体系注入了强大信心。

　　这十年，我国的工业基础开始逐步建立，从手工"敲打"出仿造产品，开始转变成为由机器生产出自主设计的产品，产品的质量与性能也随着工业制造水平的进步而不断提升。这一发展过程中上海、天津、北京、南京等地先进工业技术不断向全国各地转移、扩散，极大地推动了中国工业产品链的构建与完善。这一时期自主品牌开始发展，经济文化开始多元，民用产品开始变得丰富。生活类产品的多样化，折射出人们生活方式的改变，同时可以看到时代特色在产品上的烙印。

1969

熊猫打鼓铁皮玩具
（20 世纪 60 年代）

木制积木玩具
（20 世纪 60 年代）
该产品为搭建类玩具，它可刺激儿
童的思维发展，培养儿童的创造力，
深受小朋友的喜爱。

MF097 光明石油车
（20 世纪 60 年代）

母鸡生蛋铁皮玩具

（20世纪60年代）

这是由上海康元玩具厂制造的一款极富趣味性的铁皮玩具。通过内部结构设计，能够模拟母鸡下蛋过程，夸张的纹样图案、明亮的色彩，凸显母鸡生动的神态。

小熊拍照铁皮玩具

（1965年）

上海康元玩具厂结合搪塑、布艺工艺，推出小熊拍照铁皮玩具。小熊形态可爱，色彩明快，上发条后可移动，手里的闪光灯可亮，十分生动有趣，深受孩子们的喜爱。

惯性铁皮玩具大型敞篷车 MF959

（1967年）

上海康元玩具厂按照当年领导人乘坐的敞篷车原型，设计生产出此款大型敞篷车玩具。

感光玻璃成套器皿

（1960 年）

玻璃器皿生产此前长期沿用传统的钠碱玻璃制作方法。1960 年上海玻璃一厂突破该法，试制成含金银微量元素的感光玻璃。用感光玻璃制作的器皿，经过短波光（如紫外线）照射后会显示出特有的颜色，从而大大丰富了玻璃制品的视觉效果。

兰州工字牌陶瓷面盆

（1963 年）

该产品沿用上海搪瓷技术制造生产，满足了当地人民生活需要。该厂也逐渐成为西北地区轻工业制造骨干基地，为建立西北地区的轻工业制造体系发挥了重要作用。

钢化杯

（1964 年）

由久丰玻璃厂（后改名为上海玻璃器皿四厂）研制生产。较之传统玻璃杯，钢化玻璃强度更高，不易碎。钢化玻璃制品更加晶莹剔透，在众多场合中被广泛使用。

金钱牌印铁咖啡壶

（1963 年）

金钱热水瓶厂（后更名为上海热水瓶四厂，下同）参照英国 THERMOS 牌保温瓶式样，设计生产了 2 号、3 号系列铁壳印花保温瓶，后又设计生产了镀铬壳 2 号、3 号系列异形保温瓶，俗称咖啡壶，在国际市场上十分走俏，供不应求，成为上海保温瓶行业重要的出口产品。

美加净牙膏

（1962 年）

美加净牙膏包装由顾世朋设计。
设计师以"唇红齿白"为理念，仅
用红白两色进行设计简洁大方。
该产品远销美国、英国、加拿大、
新加坡等 40 多个国家和地区，
以高品质赢得了国外消费者的青
睐，是我国重要的轻工业出口产
品之一。美加净商标先后在 19
个国家和地区注册，成为我国出
口注册国家和地区最多的轻工
业品牌。

美加净发乳

（1965 年）

产品包装由顾世朋设计。

留兰香牙膏包装

（1964 年）

产品包装由赵佐良设计。

裕华牌香皂

（1964 年）

产品包装由顾世朋设计。

上海旅行袋

（20世纪60年代）

这个旅行袋对于我国第一代产业工人来说具有重大的意义。它曾作为奖品多次出现在优秀工人与劳模的表彰大会上。

蝴蝶牌檀香皂

（1964年）

产品包装由顾世朋设计。

白猫牌简装洗衣粉

（1964年）

产品包装由顾世朋设计。

芳芳牌儿童爽身粉

（1966年）

产品包装由顾世朋设计。

天鹅牌润发油

（1965年）

产品包装由顾世朋设计。

飞乐牌 261-5 型收音机

（1960 年）

这是由上海无线电二厂于 1960 年生产
制造的一款收音机，主要满足中高端市
场。产品设计风格严谨，整体造型简洁庄
重，装饰恰当，喇叭布上镶有醒目的飞乐
标志。

北京牌 825-3 型电视接收机

（1960 年）

北京牌 825-3 型电视机由国营天津无线
电厂设计研发，其机身为长方体造型，底
座上宽下窄，放置控制旋钮。整体形态稳
重厚实，质朴端庄。由该款电视机开始，
中国电视机产品的设计语言特征逐渐形
成。

美多牌 663-2-6 型收音机

（1960 年）

该款收音机由上海无线电二厂设计、生产。1961 年，该产品在第三届全国广播接收机观摩评比中荣获一等奖。

钟声牌 L601 型磁带录音机

（1960 年）

钟声牌 L601 型电子管磁带录音机于
1960 年由上海录音器材厂研制成功，并
于 1963 年 10 月通过生产定型。该产品
是国内这一时期同类产品中产量最高、销
售面最广的产品。

飞乐牌 271 型收音机

（1961 年）

飞乐牌 271 型七管交流收音机由上海无
线电二厂于 1961 生产，是国标一级收音
机。与上海牌收音机产品相仿的装饰，成
为高端收音机产品标志性的符号。

白鹤牌 S-641 型收音机

（1964 年）

该款产品由北京市实验科学仪器厂生产。
该机型适合大批量生产。

飞乐牌 272 型收音机

（1964 年）
该款产品由上海无线电二厂于 1964 年
出品，是国标一级收音机，也是国产电子
管收音机中最后一款一级机。

**梅花鹿牌 JB163-A 型
晶体管收音机**

（1964 年）
此款收音机由吉林省无线电厂生产。该产
品造型简洁，适合大批量生产。

**上海牌 312 型、
312-A 型晶体管收音机**

（1964 年）
上海广播器材厂生产的 312 型七晶体管
四波段二级收音机，填补了当时我国晶体
管二级收音机的空白。该款产品为便携
式收音机。

上海牌 163-7 型收音机
（20 世纪 60 年代）
该款收音机由上海广播器材厂
研制生产，是一款出口型产品。
该产品零部件力图与内销产品通
用，进而降低制造成本。

上海牌 A623a 型手表

（1962 年）

上海牌 A623a 型手表是上海手表厂生产的中国第一代国产日历手表。

采用毛体商标的上海牌
A623a 型手表

（1962 年）

海鸥牌 D304 军用手表

（1963 年）

这是天津手表厂生产的中国第一只航空表。

三五牌"喜上眉梢"台钟

（1962 年）

三五牌台钟推出一系列以"喜上眉梢"等传统题材设计的产品，并获得轻工部优秀轻工产品奖。三五牌台钟不仅受到国内市场的欢迎，也得到国际市场的青睐，外销台钟占总产量的 80%。

羊城牌 SG-3 型 17 钻手表

（1963 年）

该款手表由广州手表厂研制，于1965 年通过部级鉴定并正式投产。1966 年，共生产 1.26 万只。该表投放市场后受到消费者称赞。

北极星牌 15 天机械报时摆钟

（1964 年）

该产品是按轻工业部 1964 年编制的、统一的 T1 型机芯图纸组织生产的。该产品共有零件 119种，215 个，总加工工序 720 道。在外观保持传统钟表特征的同时，工厂尝试降低产品成本，让更多消费者能够购买使用。

上海牌 1523 型手表

（20 世纪 60 年代）
上海牌 1523 型手表是上海手表
厂生产的一系列改进型产品中较
具代表性的产品。

上海牌 1524 型手表

（20 世纪 60 年代）
上海牌 1524 型手表是上海手表
厂继 1523 型后的改进型产品。
产品形态设计更加简洁, 具有现
代主义设计特征。

东风牌手表

（1966 年）
天津手表厂自行设计的新型机
械手表研制成功, 它是五一表的
升级产品, 定名为东风牌。东风
牌手表是我国第一只自行研制
并批量生产的手表, 是二十世纪
六七十年代结婚必备的"三大件"
之一, 是当时最流行的高档产品。

青岛牌 A-701 型手表

（1968 年）

该款手表由青岛手表厂设计生产。产品标志是青岛地标性建筑——栈桥的图形。

东风牌 ST5-H6 型手表

（1969 年）

产品采用平直表面，指针与点位刻度设计更加简洁。产品的改进设计为该产品的后续出口奠定了基础。

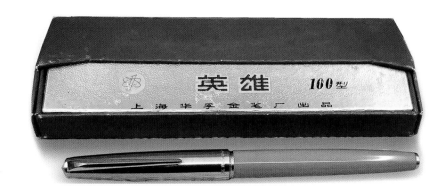

英雄牌 100 型钢笔

（1964 年）

上海华孚金笔厂生产的英雄 100
型钢笔，1964 年定型后持续生
产至今，是一款经典产品。

飞鱼牌台式英文打字机

（1966 年）

由上海计算机打字机厂设计、生
产。

上海牌 144 型收音机

（1965 年）

该款产品由上海广播器材厂生产，
是国标二级收音机。

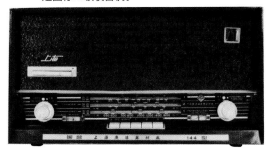

东湖牌 B31 型收音机

（1964 年）

该款产品由汉口无线电厂生产。

SS2D 型机芯 114 军表

（1969 年）

SS2D 型机芯是我国第一只自行设计和生产的机械自动日历机芯。1969 年，上海手表厂受中央军委委托，研制出 114 型军用手表，该系列分 29 钻 SS2 型和 24 钻 SS4 型。

红旗牌风扇

（1968 年）

该款简易小型电风扇，由于其体积小，方便放置，在多种场合被广泛使用。

珠江牌 SB6-2 型收音机

（1965 年）

该款产品由广州市曙光无线电仪器厂生产。

红星牌 402 型收音机

（1965 年）

该款产品由南京东方无线电厂生产。

英雄牌 64-6A 型收音机

（1966 年）

该款产品由南昌无线电厂生产。

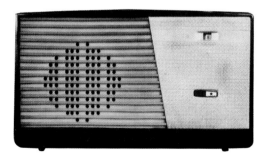

海鸥牌 DF 型照相机

（1964 年）

1964 年，上海照相机厂开始研制海鸥牌 型 135 单镜头反光高级照相机，并于 19 年开始批量生产。海鸥 DF 型照相机是参 美能达 SR2 相机而设计的，是中国批量 产单反相机的起点，确立了中国制造单反 机的基础。1969 年，在 DF 相机的基础上 制出 DF-1 型，1971 年 11 月海鸥牌 DF 型相机正式投放市场，在 1982 年 1 月的 国相机质量评比中获同机型第一名。海鸥 DF 相机是我国历史上日产量和总产量最 的照相机，产品远销美国、英国、法国、西 牙等二十多个国家和地区。

海鸥牌 203 型照相机

（1964 年）

上海照相机二厂将上海 202 型照相机进行改良，设计出了上海牌 203 型照相机。这款照相机在诞生不久后改名为海鸥牌 203 型照相机。

海鸥牌 501 型照相机

（1968 年）

该款相机由上海照相机五厂于 1968 年生产，其附有金属制的装卸式遮光片，可以很轻松地进行半片拍摄，同时还配有135 胶片的接合器。

海鸥牌 4 型照相机

（1968 年）

1968 年上海照相机厂正式使用海鸥牌注册商标，并相继推出了 4A、4B 等型号。从此"海鸥"飞出上海，成为新中国照相机工业的标杆。其中 4B 型成为中国的"全民相机"，1969—1989 年共生产 127 万台，最高年产量达 85 万台。该款相机出口到世界各地，为国家赚取大量外汇。图中分别为海鸥牌 4A、4B 型照相机。

峨眉牌 SF-1 型照相机

（1968 年）

四川宁江机械厂仿照海鸥牌 4B 型照相机生产出峨眉牌 SF-1 型照相机。该款机型的构造与海鸥牌 4B 型照相机相同，是军工企业中最早生产的 120 型双镜头照相机，整机质量较高。

东方牌 F 型照相机

（1969 年）

天津照相机厂仿制海鸥牌 4B 型照相机生产出的东方牌 F 型照相机。

工农牌 JA 型家用缝纫机

（20 世纪 60 年代）

此缝纫机由青岛缝纫机厂生产制造。

**永久牌 PA13 型
28 寸自行车**

（1964 年）

**永久牌 PA14 型
28 寸自行车**

（1964 年）

上海自行车厂于 1964 年初成功研
制出永久牌 PA14 型 28 寸自行车，
并小批量试制了 200 辆。质量的提
高使其具有很高的市场占有率。该车
对后来中国自行车设计产生了巨大的
影响。

永久牌 ZA51-9 型
载重自行车

（1962 年）

永久牌 ZA51 型自行车被称为"不吃草的小毛驴"，其载重性能突出，深受消费者喜爱。

凤凰牌 PA14 型 26 寸自行车

（1964 年）

1964 年上海自行车三厂成功制造出凤凰牌 PA14 型 26 寸自行车。车架、前叉和链条等主要部件用高强度低合金锰钢，整体达到了英国兰苓牌自行车的质量要求。

飞鸽牌轻型 28 寸男式自行车

（1966 年）

这是一款面向城市消费者的轻便车，由天津自行车厂生产。

飞鸽牌轻型 26 寸女式自行车

（1966 年）

该产品由天津自行车厂生产。

红旗牌自行车

（1966 年）

20 世纪 70 年代左右"双喜"牌自行车改名为"红旗"牌自行车。

飞鸽牌 28 寸双梁自行车

（20 世纪 60 年代）

天津自行车厂生产的飞鸽牌 28 寸双梁自行车是载重自行车设计开发的代表产品。

东风牌 BM021 型三轮车

（1963 年）

该车由北京市摩托车制造厂生产。

轻骑牌 15 型摩托车

（1966 年）

该车由济南机动脚踏车厂生产。

萬噸水壓機

中國 上海

万吨水压机玩具

（20世纪60年代）

万吨水压机玩具由倪巡设计，上
海玩具二厂生产。

万吨水压机

（1961年）

右图为运行中的万吨水压机。该机1958年由中
央批准研制，1959年由江南造船厂试制，1961
年投入使用。大水压机是制造大发电机、大轧
钢机、大化工容器、大动力轴等所必需的设备，
是发展机械制造业所必需的设备。这是我国自
己设计、使用自己的材料、在自己的工厂制造的
第一台1.2万吨自由锻造水压机，试用结果证明
该水压机性能良好。当时，江南造船厂并不具备
制造这样大的机器所必需的条件，如大锻件、大
铸件、大机床、大厂房和专家等，一切从零开始。
万吨水压机研制成功是一代中国人自力更生、
奋发图强的成果，也是敢想敢说敢做的拼搏精
神和严格、严密、严肃的科学态度的具体表现。
通过制造万吨水压机，江南造船厂培养出了一
批技术专家。大型自由锻造水压机是重要的工
业基础装备。拥有这种新型锻压设备的数量、品
种、等级和产量，不仅是工厂、行业实力的显示，
也是一个地区或者一个国家工业基础、制造能
力和国防实力的体现。

**由 CA72 型轿车改装的
红旗检阅车**

（1962 年）

1962 年 4 月，第一汽车制造厂根据 CA72 型轿车设计制造了可自动升降后座的检阅车。

**根据解放牌 CA10B 型载
重汽车改造的上海公交车**

（1962 年）

该车是由上海客车修理厂（后更名为上海客车厂，下同）使用解放牌 CA10B 型载重汽车底盘制造的上海公交车。该车服务上海 30 年，经济耐用。

**黄河牌 JN150 型重型汽
车**

（1963 年）

1963 年 10 月 17 日，由济南汽车制造厂设计的黄河牌 JN150 型汽车定型并投入批量生产，结束了中国人不会制造重型车的历史。

海燕牌 CW710 型微型轿车

（1960 年）
该款轿车由上海客车修理厂于
1960 年开始研制，共生产了
100 辆。

上海牌检阅车

（20 世纪 60 年代）
上海汽车制造厂在设计上海牌
SH760 轿车的同时，开发设计了
上海牌检阅车。1966 年至 1971
年，上海牌检阅车共生产了 14
辆。上海牌检阅车的设计是为
SH760A 的诞生做了一次概念
性探索，其设计特征在后来的
SH760A 上面有着明显体现。

歼 -6 飞机

（1963 年）

1963 年，国营松陵机械厂 [现为航空工业沈阳飞机工业（集团）有限公司，下同] 生产的第一架歼 -6 飞机交付部队使用，并开始大批装备部队。后续为满足空军需要，在歼 -6 基础上改进生产了 J-6 I 、J-6 II 、J-6 III （ 歼教 -6）、J-6 甲等多种机型。

红旗牌 CA772 型高级轿车

（1965 年）

1965 年 10 月，第一汽车制造厂开始设计 CA772 型高级轿车，其外形基本与红旗牌 CA770 型高级轿车相同，是一款具有装甲防护功能的专用车。

跃进牌 NJ230 型轻型载重汽车

（1965 年）

1958 年，南京汽车制造厂试制出第一辆 NJ230 型汽车。该车于 1965 年开始生产，并为部队提供装备。

上海牌 SH760 型中级轿车

（1965 年）

1958 年，上海汽车装配厂试制出第一辆国产凤凰牌轿车，1964 年凤凰牌轿车正式更名为上海牌，1965 年通过鉴定，定型为 SH760 型。上海牌 SH760 型轿车是新中国成立后上海生产最早的轿车，是当时国内唯一普通型公务用车，成为机关、企事业单位和接待外宾的主力车型。该车型共有三个颜色：白色、黑色、蓝色。

北京牌 BJ210C

（1961 年）

这是我国第一代吉普车，由北京汽车制造厂生产。

红旗牌 CA770 型高级轿车

（1965 年）

1965 年年底，第一汽车制造厂的红旗牌 CA770 三排座高级轿车正式定型，这是我国生产的第一辆正向开发的量产轿车。汽车造型由贾延良设计，车身线条简洁，运用明式家具的线脚，结合空气动力学原理，车型更具动感。车厢里采用了红木、牛皮、织锦缎等材料，具有很强的民族风格。

北京牌 BJ212 轻型越野车

（1965 年）

1965 年，北京汽车制造厂的 BJ212 和 BJ212A 轻型越野车正式定型生产。该车型总体布局十分紧凑，五门格局，后座紧接货台，货台下面为行李箱。车身均为绿色，随着 BJ212 产量的提高，除部队使用外，企业、学校等单位也开始使用，创造了中国越野车设计与制造的奇迹。

第一代黄河牌 JN250 型重型越野车

（1966 年）

1966 年 6 月上旬，由济南汽车制造总厂（现为中国重型汽车集团有限公司，下同）设计的第一批黄河牌 JN250 型 6×6 驱动 5 吨级越野车和 4×4 驱动 5 吨级越野车试制成功。

东方红 LT665 载重越野车

（1966 年）

该款车型是第一拖拉机制造厂成功试制的我国第一辆军用重型越野汽车。

强 –5 飞机

（1965 年）

国营松陵机械厂自行研制的我国第一种
超音速强击机强 –5 飞机，于 1965 年 6
月 4 日首次试飞成功，同年 12 月初步设
计定型并投产。此后，强 –5 飞机被改进
设计为多种型号飞机，大量装备部队，成
为当时我国空军和海军的主要作战机种
之一。

歼侦 –6 飞机

（1966 年）

歼侦 –6 飞机是国营松陵机械厂有限公
司】在歼 –6 基本型基础上，逐步改装，
研制成功的我国第一种超音速歼击侦察
机。

东风牌 ND 型内燃机车

（1965 年）

1965 年 6 月 5 日，大连机车车辆工厂
转产东风 ND 型内燃机车。以后发展出
完整系列产品。

轰-5 核武器运载机

（1967 年）

1967 年 9 月 l6 日，国营伟建机器厂（现
为航空工业哈尔滨飞机工业集团有限责
任公司，下同）成功生产轰-5 核武器运
载机，并于 1968 年 12 月 27 日成功完
成空投核武器试验。

轰-6 飞机

（1969 年）

轰-6 飞机由西安飞机制造厂【现为中
国航空工业西安飞机工业（集团）有限
公司，下同】投入小批量生产。1969 年
2 月 28 日，国产首架轰-6 飞机正式交
付部队服役。

上海牌 SH380 型
32 吨矿用自卸车

（1969 年）

1969 年以上海货车制造厂为主，全国
169 家工厂通力协作，成功试制出第一
辆 SH380 型 32 吨矿用自卸车。

中国制造
MADE IN CHINA

1970—

　　进入 20 世纪 70 年代，中美两国关系开始缓和，中国重返联合国。国内政治、经济环境也开始好转。"43 方案"的实施，尤其是"78 计划"的提出，让中国经济在自力更生、初步发展的基础上开始融入世界经济发展体系。70 年代中期，中国制造企业不同程度地完成了一次技术设备升级改造，以满足提升产品品质的需求。这一时期，我国建立起了独立的、比较完整的工业体系和国民经济体系。1979 年，中央对经济工作提出了"调整、改革、整顿、提高"的发展八字方针，全面稳住了经济发展的脚步，促进了各领域有序、健康、高质量发展。

　　这一时期，我们可以看到各类改进型产品陆续推出，产品品类不断增加，产品质量持续提高。各领域在现有产品基础上积极设计、研发出口型产品，在出口创汇的同时也极大地促进了内销产品质量的提升。产品开始尝试通过不同款式的设计，不同的装饰风格，不同材料与工艺，来满足不同消费者的需求，拓展产品的市场占有率。随着国内外市场需求的变化，"工业设计"在增加产品附加值方面的作用开始逐步凸显。

1979

"东方红"铁皮遥控电动
拖拉机玩具
（20 世纪 70 年代）

由康元玩具厂设计师陶理干按
照新中国第一台东方红牌大功率
履带拖拉机和丰收牌轮式拖拉
机车型，结合线控遥控器设计的
一款铁皮电动玩具。

开门警车铁皮玩具
（20 世纪 70 年代）

敲琴女孩
（1970 年）

这款玩具由多种材料制成，在
条动力驱动下小鼓槌能够敲击
悦耳的声音。

小鸡啄米铁皮玩具
（20 世纪 70 年代）

欢乐小弟
（20 世纪 70 年代）
人偶头部采用搪塑工艺涂凝成
型。布质材料隐藏内部机构，铁
皮主体结构色彩鲜艳明亮。开动
后，人偶行进中敲击乐器，十分
生动有趣。

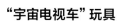

"宇宙电视车"玩具
（20 世纪 70 年代）
康元玩具厂推出了一系列富有新
意和时代背景的玩具，这是为纪
念"东方红"卫星发射成功而推
出的"宇宙电视车"玩具。

铁皮太空类玩具
（20 世纪 70 年代）

玩具波波沙冲锋枪
（20 世纪 70 年代）
玩具波波沙冲锋枪以波波沙冲锋枪（PPSH-41 式 7.62 毫米冲锋枪）为原型，在设计中既保持了苏式武器粗犷的特点，同时又具备可爱、有趣的形态结构。据统计，此款玩具枪在问世后的近30 年间共生产了约 300 万支。

铁皮太空类玩具
（20 世纪 70 年代）

三轮摩托铁皮玩具
（1974 年）
20 世纪 70 年代，铁皮玩具在中
国玩具市场上占据主导地位。铁
皮玩具中缝的处理工艺要求很
高，尤其是在人物设计制作中要
求更高。"三轮摩托"就是较早
尝试表现人物造型的铁皮玩具。

红旗敞篷车玩具

（1974 年）

这是上海康元玩具厂推出的设计新
颖、工艺细致的敞篷汽车玩具，外形
采用了红旗牌轿车的造型。它是中国
最早的大型、高档惯性铁皮玩具之一。

蓓蕾牌 15 键小钢琴

（1978 年）

上海玩具八厂生产的蓓蕾牌 15 键小钢琴，音色清脆明亮，音响共鸣良好，根据出口要求，表面采用环保漆面喷涂。

红双喜牌乒乓板

（20 世纪 70 年代）

该产品由上海乒乓球厂生产。

珐翠小猫雕塑瓷器

（20 世纪 70 年代）

珐翠狮子雕塑瓷

（20 世纪 70 年代）

珐翠动物系列雕塑瓷器是 20 世纪 70 年代出口产品。

绿西莲边脚山水餐盘

（1970 年）

双喜龙凤纹五彩盘

（20 世纪 70 年代）

该产品由景德镇陶瓷厂生产。

珐翠雄鸡雕塑瓷器

（20 世纪 70 年代）

景德镇产黑底万花赏盘

（20 世纪 70 年代）

景德镇产黑底万花品锅

（20 世纪 70 年代）

玻璃花瓶

（20 世纪 70 年代）

采用无模自曲成型玻璃（窑制玻璃）工艺生产的花瓶，具有很强的艺术性，深受消费者喜爱。

喜（鹊）临门搪瓷盆

（20 世纪 70 年代）

高脚痰盂

（20 世纪 70 年代）

景德镇鼎亨红万寿餐具

(20 世纪 70 年代)

这一系列餐具利用传统粉彩技术，重新设计传统纹样，其色彩饱满，富有质感。该系列还包括以黄色、绿色为主色调的产品。这种纹样和工艺也被应用在相关配套产品中。

上海产加大带耳蓝 / 红花瓶

（20 世纪 70 年代）
采用无模自曲成型玻璃（窑制玻璃）工艺生产的花瓶。其制作方式主要依靠人工吹制，与用模具成型或车刻装饰的制品不同。该花瓶对设计师、制作工人的审美要求较高，被视为小批量生产的艺术品。

长青牌青花梧桐餐具

（20 世纪 70 年代）

景德镇人民瓷厂生产的该套餐具是青花日用瓷中的代表产品。其设计保持了分水的工艺，同时融汇了美国装饰设计风格，是我国优秀的传统艺术与实用产品相结合的产品。它以简练的笔法和单纯的色彩展现了丰富的艺术语言，形成陶瓷彩绘中独特的艺术风格，深受国内外人士所喜爱。该餐具在世界制瓷工艺中，有着极为重要的地位。长青牌青花梧桐餐具于 1979 年荣获国家优质产品金质奖，1984 年分别荣获法国莱比锡、捷克布尔法、波兰波兹南国际博览会金质奖章。

景德镇产陶瓷雕像

（1973 年）

金水四合壶

（20世纪70年代）

景德镇艺术陶瓷厂在相关专业公司的配合下，改进了金水工艺，在设计上保留传统四合壶特点的同时，结合金水镀刷处的最佳反光效果进行设计，从而增加了产品的品质感，成为出口的主打产品，也是国内婚庆市场的抢手产品。

喷黄刻花玻璃杯

（1975年）

上海玻璃器皿三厂成功试制喷黄刻花杯，在普通压机杯的表面喷上金黄的颜色，再刻上花卉图案，使杯子金光灿灿，深受消费者的喜爱。

青花芙蓉花 9 头茶具

（1975 年）

此套茶具由江西省陶瓷科学研究所研制。

青花芙蓉花瓶

（1975 年）

此款产品由江西省陶瓷科学研
究所研制。

青花蝶恋花鱼尾瓶

（1975 年）

此款产品由江西省陶瓷科学研
究所研制。

景德镇产全手绘玲珑青花咖啡壶

（1978 年）

该产品采用工艺叠加的方式，重点突出玲珑工艺，在满足西餐使用的同时，保持了陶瓷产品清新、高雅的特征。

FFF 牌不锈钢酒具

（1978 年）

上海搪瓷行业自 20 世纪 70 年代开始生产不锈钢制品，其中上海搪瓷五厂生产的 FFF 牌不锈钢酒具是外销产品。

保温壶

（20 世纪 70 年代）

这是利用生产自行车链条后的余料，设计、生产的网制外壳保温壶。"废物利用"的方式降低了材料成本，同时能够基本符合产品的功能要求，形成了别具风格的产品语言。

喷黄玻璃糖缸

（20 世纪 70 年代）

上海玻璃器皿三厂生产的喷黄玻璃糖缸，延续了之前的传统工艺，并在形态上融入了中国传统器皿的造型特征。其是历届广交会上的明星产品。

如意牌气压保温瓶

（1979 年）

上海保温瓶一厂首创的气压出水
保温瓶，一改保温瓶几十年传统
的样式，产品造型设计简洁美观，
并保留了金色的传统装饰纹样，
同时使用方便，上市后受到广泛
欢迎。

回力牌帆布鞋

（20 世纪 70 年代）

回力是中国最早的时尚胶底鞋品牌。在 20 世纪 70 年代，回力鞋成为运动休闲鞋类的象征，回力帆布鞋简洁的设计深受消费者喜爱。

红心牌电熨斗

（1972 年）

1958 年上海照明器材厂员工樊吉生成功设计试制调温电熨斗，改变了我国电熨斗制造业仿造的历史。当时内销的电熨斗商标为红星牌，1959 年改为红心牌。20 世纪六七十年代红心牌电熨斗热销全国。

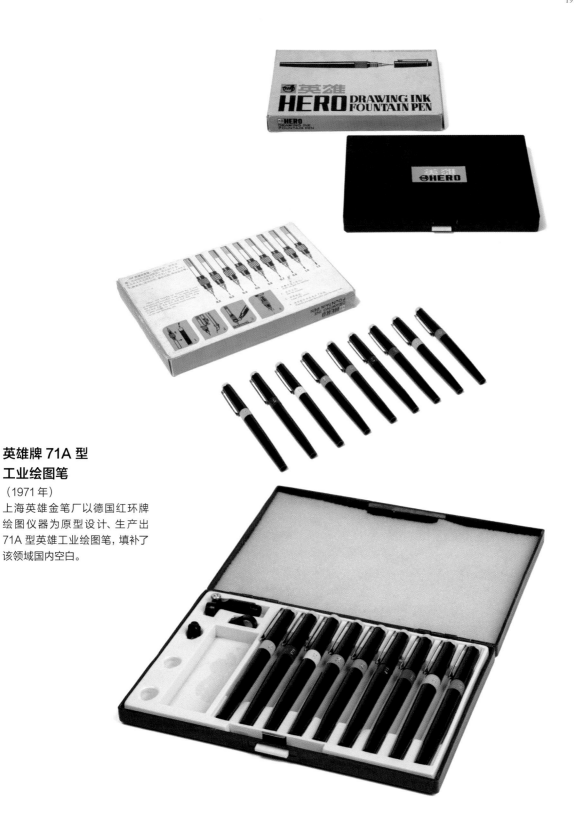

英雄牌 71A 型
工业绘图笔

（1971 年）
上海英雄金笔厂以德国红环牌
绘图仪器为原型设计、生产出
71A 型英雄工业绘图笔，填补了
该领域国内空白。

红灯牌 2L49 型放音机

（20 世纪 70 年代）

该产品是在引进日本技术的基础上融合传统技术和工艺，试制的小型放音机，它是 20 世纪 70 年代同类产品中产量较大、质量较高的产品。

红灯牌 2701 型收音机

（1970 年）

1970 年 4 月 24 日，中国第一颗人造卫星发射成功。为庆祝这一伟大胜利，上海无线电二厂生产了红灯牌 2701 型纪念收音机。

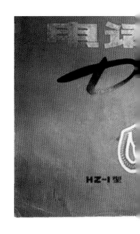

凯歌牌 4D4-A 型 9 寸电视收音两用机

（1973 年）

上海无线电四厂成功试制能接收 12 个频道的 4D4 型 9 寸全晶体管电视、收音两用机，并投入生产。4D4 型又有好几个子型号，其中 4D4-A 型仍保留着收音机的传统结构布局，一侧屏幕一侧控制旋钮。1974 年，其总产量突破 1 万台。

春雷牌 101 型收音机

（1973 年）

该产品由上海无线电三厂于
1973 年出品，是国标二级收音
机。

**HZ-1 型拨盘式
自动电话机**

（1972 年）

上海电讯器材厂生产的 HZ-1 型
拨盘式自动电话机是国内自行设
计，并大量投产的第一种新型高
效自动电话机。其款式新、音质
清晰，维护方便，成为全国通信
的主要机种之一，出口 20 多个
国家和地区。1972—1990 年，
共生产 406 万部，为国内同类型
中产量最高的机种。1973 年 5
月起，该产品转至江苏省江都有
线电厂等 7 家厂生产。

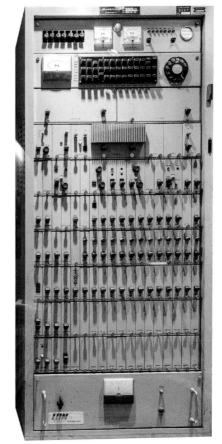

B-845C 单线路载波机

（20 世纪 70 年代）

该机由上海电信设备一厂研制生
产。

**ZM381 型明线十二路载
波电话终端机**

（1973 年）

上海电信设备二厂生产的此款电
话终端机，曾获 1977 年上海市
科学大会奖。

春雷牌 3T3 型晶体管收音机

（1973 年）
该款收音机由上海无线电三厂生产。

牡丹牌 47C3A 型电视机

（1973 年）
该机型由北京电视机厂生产。

ZDS-PR 四位数字频率显示器

（1975 年）

该产品由上海电信设备三厂研制生产。

牡丹牌 2241 型收音机

（1974 年）

该款二十二管调频、调幅全波段台式半导体收音机，由北京无线电厂生产，是我国第一批批量生产、性能最高的一级晶体管收音机之一。该产品具有长波、中波、短波功能，首次采用调频技术，设置了调频波段，可收到全世界广播电台的节目。产品主要提供给北京的涉外宾馆等单位使用。

红灯牌 735 型收音机

（1974 年）

1974 年，上海无线电二厂生产了 200 台红灯牌 735 型全波段便携式国标一级收音机。

红灯牌 711 型系列收音机

（1972 年）

该款收音机由上海无线电二厂设计生产。在不增加成本的同时，通过不同的喇叭布设计，极大丰富了产品品类，这些喇叭布的图案设计传统又精致深受消费者喜爱。上海无线电二厂随后相继推出了红灯牌711-2、红灯牌711-3、红灯牌711-4、红灯牌711-5等型号产品。

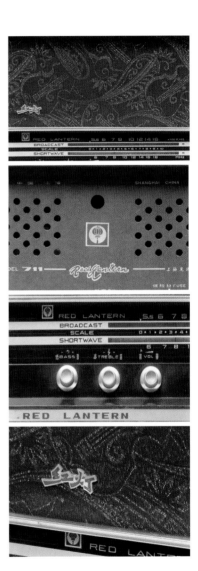

红灯牌 711-3 型收音机

（1972 年）

该款收音机为了提高抗干扰性能，收音机的中波段采用了磁性天线接收。

柳泉牌组合式收音、放音机

（20 世纪 70 年代）

该产品由山东淄博无线电厂生产制造，产品造型简洁庄重，色彩明快沉稳，黄色竖条纹结合木制壳体，具有很强的形式感与品质感。

红灯牌 2L143 型录音机

（20 世纪 70 年代）
该产品由上海无线电二厂生产。

海燕牌 T241 型收音机

（1975 年）

1975 年，上海一〇一厂成功研制出海燕牌 T241 型十二管四波段交流二级台式收音机，其以晶体管取代了电子管。该机在全国第七、八届收音机评比中，连续获得一等奖。1981 年 9 月，为上海广播电视制造业首获国家质量银质奖。

红灯牌 753 型收音机

（1976 年）
上海无线电二厂推出的红灯牌 753 型
一波段小台式晶体管收音机,自投产至
1990 年底,累计产量突破 300 万台,为
国内同类产品中产量最高、经销历史最
长的产品。

春雷牌 3T2 型台式收音机

（1976 年）
1976 年上海无线电三厂试制成功春雷
牌 3T2 型台式调频调幅全波段一级收音
机。

海燕牌 B321 型

（1977 年）

该款收音机由上海一〇一厂生产。

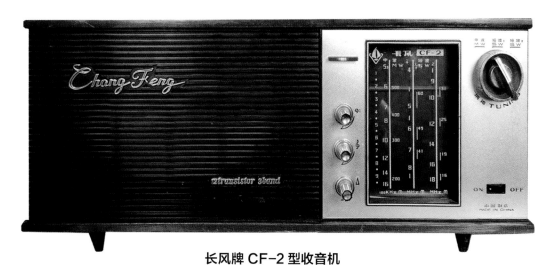

长风牌 CF-2 型收音机

（1977 年）

上海华丰无线电厂生产出长风牌 CF-2
型 12 管台式晶体管收音机，该产品曾多
次在全国收音机质量评比中获奖。

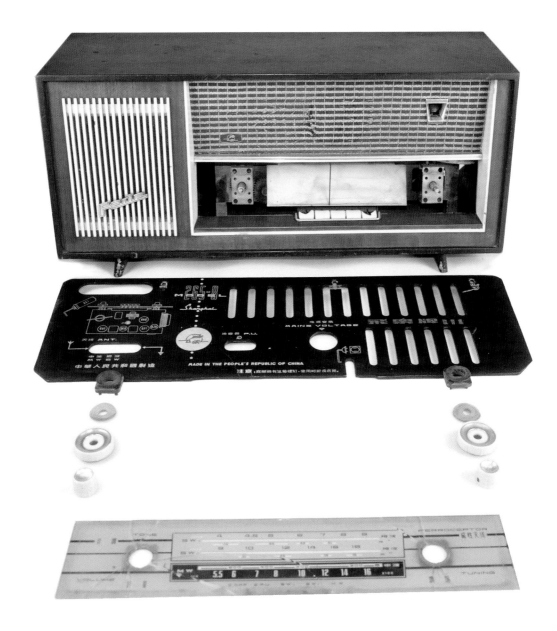

飞乐牌 265-8 型收音机

（1978 年）

该款收音机由上海无线电二厂生产，
是电子管收音机向半导体收音机过
渡的代表机型。

飞跃牌 9DS1 型电视、收音 两用机

（1979 年）

此款电视机由上海飞跃电视机厂生产, 定位为中国普通家庭使用, 工厂尽可能控制成本, 以期让老百姓都能消费得起。在功能上设计成电视机和收音机两用方式, 满足了当时收看与收听使用的实际需求。由于采用了晶体管元件, 使产品能够更小, 俗称 "9 寸电视机"。随着 9 寸黑白电视机技术不断成熟, 9DS1 型产品在改进设计的基础上, 成为这个时期质量最稳定, 造型比较合理, 制造成本和零售价格控制最好的产品, 成为国内其他同类产品设计借鉴的对象。

钻石牌 151 型手表

（1970 年）

上海手表四厂生产的钻石牌 151 型手表，是中国同类产品中机芯最薄的产品。点位刻度长短一致，手表整体造型简洁，成为这一时期手表设计的基本风格。

钻石牌 152 型手表

（20 世纪 70 年代）

该款手表由上海手表四厂设计、生产。

钟山牌九钻防震手表

（20 世纪 70 年代）

该产品由南京钟表厂设计生产。

SEA-GULL 牌手表

（1973 年）

1973 年东风表以海鸥商标进入国际市场，成为中国第一只出口手表。

海鸥牌 ST7 手表

（1975 年）

该款手表由天津手表厂生产。

金锚牌 ZQDA 型手表

（1973 年）

该手表是一款根据轻工部 1973 年的统一部署，采用全国统一机芯设计、生产的 19 钻手表。

海鸥牌 ST-6 型女表

（1975 年）

1975 年 3 月 8 日，海鸥牌 ST-6 型女表作为海鸥牌第一支女性手表投入市场，受到消费者欢迎。

上海牌 SS5A 型女表

（1974 年）

该款女表由上海手表厂生产。

钻石牌闹钟（左页图）

（20 世纪 70 年代）

1974 年上海钟厂生产了国内第一台有日历显示的闹钟，后又购买日本专利，增加了可翻牌日历功能，丰富了产品的使用体验。至 1978 年上海钟厂设计、生产 27 种机械闹钟，出口八十多个国家和地区，每年为国家换取大量外汇。其中钻石牌台钟设计了大量创新款式，形成了丰富的系列产品，占据国内很大的市场份额。

钻石牌闹钟（上图）

（20 世纪 70 年代）

上海钟表厂推出了钻石牌一系列产品。该款产品具有闹钟与收音机两种功能。

火车头牌小鸡啄米闹钟

（1972 年）

上海钟厂生产的该款闹钟设计了
小鸡啄米的活动结构，增加了产
品的趣味性。

铁锚牌时钟

（1974 年）

该产品由上海第二钟厂说
主要针对国内市场消费
度采用大号阿拉伯数字
众准确阅读识别。

三五牌挂钟
（1972 年）

三五牌两孔上弦机械挂钟
（1973 年）

红旗牌 20 型照相机

（1970 年）

诞生于 1970 年的红旗牌 20 型照相机是我国照相机发展史上最具历史意义的专业级产品之一。红旗牌 20 型照相机是上海照相机二厂仿制徕卡 M3 型照相机的一款高档 135 照相机。

熊猫牌 DF 型照相机

（1972 年）

哈尔滨电表仪器厂参考海鸥牌 DF 型照相机，于 1972 年研制生产了熊猫牌 DF 型照相机。

青岛牌 SF 型照相机

（1974 年）

1974 年，青岛电影机械厂研制成功青岛牌 SF 型照相机。

红梅牌 HM-I 型 120 折叠式单反黑白照相机

（1974 年）

红梅牌 HM-I 型 120 折叠式单反黑白照相机由常州照相机总厂于 1974 年 10 月生产。该款机型是上海照相机二厂生产的上海牌 202 型照相机的改进型产品。1980 年，这款产品获全国照相机机械产品第三名；1983 年，它获第二届全国照相机质量评比 120 普及型第一名；1984 年，它获全国照相机产品"质量优异奖"。

嵩山牌 4A、4B 型照相机

（1975 年）

1975 年，郑州照相机厂仿制海鸥牌 4A 型、4B 型照相机生产出嵩山牌 4A 型、4B 型照相机。两款机型的各部分功能与海鸥牌 4A 型和 4B 型照相机完全相同。

孔雀牌 DF 型照相机

（1977 年）

该款相机由哈尔滨电表仪器厂于
1977 年生产。该产品在 1982 年
1 月全国照相机评比中获得第二
名。

凤凰牌 JG301 型照相机

（1979 年）

该款产品由江西光学仪器厂生
产。

珠江牌 S-201 型照相机

（1978 年）

1972 年华光（更名前叫永光）、
明光、金光等五家仪器厂和云南
昆明光学仪器厂，一同与广州轻
工业产品进出口公司洽谈联合
开发、生产出口照相机，最后决
定共同生产珠江牌 S-201 型照
相机。这是中国第一台带有可
换取景器的 135 相机。1978
年，该相机开始生产。20 世纪
80 年代初期起，明光厂设计、
生产出了分光棱镜，并创造了独
特的表面处理新工艺，很快成为
国内同行业中的佼佼者。S-201
型照相机在 20 世纪 80 年代前
后曾出口东南亚等地。80 年代
中期，珠江牌和海鸥牌成为全国
两大照相机国产名牌。此后，明
光厂和其他几个光学仪器厂联
合引进了日本宾得照相机生产
线，生产出了珠江牌 S-207 型
内测光单镜头反光照相机，把
我国的照相机生产水平又向前
推进了一大步。

上海牌 7900 型收音机

（1979 年）

1979 年 10 月，上海电视十二厂试制成功上海牌 7900 型八管三波段超外差式钟控收音机，采用液晶显示，走时准确。

太湖牌 4B 型照相机

（1977 年）

江苏无锡照相机厂仿照海鸥牌 4B 型照相机生产的太湖牌 4B 型照相机。

春雷牌 3T9 型收音机

（1979 年）

该型交流十二管两波段大台式收音机由上海无线电三厂生产。

华生牌 FTS 型电风扇

（1973 年）

上海华生牌电扇为了打开国际市场，创新
电扇产品造型，邀请了吴祖慈与华生电
机厂技术人员一同研发出该款 FTS 型电
风扇。

华生牌 JA50 型电风扇

（1974 年）

JA50 型电风扇颠覆了华生的传统设计，舍弃了铸铁的圆锥形底座，将其改为更大的长方形，搭配铝合金的装饰面板，网罩上金属条密度增多，并且表面镀镍。扇叶为三片，形状变得短而宽大。按键部分集中在底座上，使用琴键式开关。该产品通过香港打入国际市场。1980 年国内电风扇热销时，该型被竞相仿效，影响了以后十余年中国同类产品的设计。

华生牌 FT-1P 型电风扇

（1976 年）

DD14 多频半自动对端设备

（1978 年）

上海市长途电话局成功自制的 DD14 多频半自动对端设备，填补了当时的国内空白，并在全国进行推广。

795 型小容量移动电话网设备

（1979 年）

上海无线电二厂与邮电部第一研究所等单位联合研制成功第一套全国产 795 型小容量移动电话网设备，系 150 兆赫频段，具有 8 个无线信道，可接 60 个用户，通信距离 50 公里，可装任何移动体，用户可以通过拨号与市话网通话。

三五牌落地钟

（1978 年）

该产品保持了传统落地钟的设计
风格，同时进行了简化设计，使
成本控制得很好，占领了更大的
市场。

**长城牌 FS11-40 型
电子钟控制落地扇**

（1978 年）

这款风扇由苏州电扇总厂于
1978 年开始生产。设计师根据
不同的市场需求，通过改进造型、
丰富色彩、优化功能操作区域，
建立良好人机交互关系，让产品
更加好用。基于设计师对于产品
的长远规划，产品迭代有序，新
产品循序渐进推出，很好地满足
了市场的不同需求。

**香雪海牌 BY75 单门小
冰箱**

（1979 年）

该款冰箱由苏州冰箱厂生产。
1983 年被评为全国轻工业优质
产品。

**凤凰牌 QE65 型男式轻
便车**

（20 世纪 70 年代）

1969-1972 年，上海自行车厂
和上海自行车三厂在吸取平车和
轻便车特点的同时，结合消费者
的使用要求，分别制造成功永久
牌 QE16 型和凤凰牌 QE65 型
轻便车。

永久牌 PA17 型自行车
（1971 年）

1971 年上海自行车厂推出了其
最为著名的永久牌 PA17 型自行
车。永久牌自行车是 20 世纪 70
年代中国自行车设计的标杆。

**永久牌 ZA52 型载重自
行车**

（1974 年）

永久牌 105 型两用车
（20 世纪 70 年代）

永久牌 106 型两用车
（20 世纪 70 年代）

永久牌邮电专用车
（20 世纪 70 年代）

**凤凰牌 ZA42 型
载重自行车**

（1974 年）
该款自行车为双档载重自行车，
是一款专供出口的自行车。

嘉陵 50 型摩托车

（1979 年）

1979 年 9 月 15 日，嘉陵机器厂［现为
中国嘉陵工业股份有限公司(集团),下同］
生产的第一辆嘉陵 50 型二冲程轻便摩
托车下线。该产品受到消费者喜爱，迅速
占领市场，成为时代新消费的重要标志。

永久牌 SC67 型男式、
SC68 型女式公路赛车

（1979 年）

上海自行车厂研制出 SC67 型、SC68
型公路赛车，随后获得国家轻工部优秀
产品开发奖。该产品成功打入国外市场
后，受到广泛的欢迎，累计出口超过 10
万辆。截止 1989 年，永久各类型自行
车累积出口 400 多万辆，远销美国、加
拿大、德国、日本、新加坡等 50 多个国
家和地区。

SK640 型单机公交客车

（20 世纪 70 年代）

该车由上海客车厂生产制造，后成为中国，特别是南方地区公交客车的主要形象。

延安牌 SX250 型越野汽车

（1970 年）

1970 年 12 月 26 日，陕西汽车制造厂第一批延安牌 SX250 型重型军用越野车诞生，这是我国自主研发的第一款重型越野军车。

红旗牌 CA774 型高级轿车

（1972 年）

该车为红旗 CA770 的换代车。第一汽车制造厂于 1972 年开始设计 CA774 型，经过 5 轮试制，于 1980 年基本完成。

黄河牌 JN252 型重型越野汽车

（1970 年）

1970 年 9 月 26 日，第一批四辆黄河牌 JN252 型 8×8 独立悬挂重型高机动越野车在济南汽车制造厂试制成功。

天津牌 TJ620 型旅行车

（1970 年）

天津市客车厂生产的天津牌 TJ620 型旅行车于 1967 年试制成功，于 1970 年开始小批量生产。

运 –7 飞机

（1970 年）

1970 年 12 月，在西安飞机制造厂【现为中国航空工业西安飞机工业（集团）有限公司，下同】，第一架运 –7 飞机完成总装，12 月 25 日成功首飞，填补了我国涡轮螺旋桨中短程运输机的空白。

运 –8 飞机

（1974 年）

运 –8 飞机是 1968 年开始研制，1974 年成功首飞，后又作为主要特种飞机改装平台，先后改装了预警机、海上巡逻机等飞机。

上客牌 SK661 型公交车

（1975 年）

20 世纪 70 年代前后，各地纷纷推出大容量的铰链连接式客车。这种客车大都是在解放牌 CA10 底盘的基础上，自制绞盘铰链、第三轴和改造车身而来。上客牌 SK661 型铰链连接式公共汽车于 1975 年由上海客车厂制造生产，进入 80 年代后，有了 SK661P、SK661F 等改进型客车。SK661 系列于 1993 年停产，是 20 世纪七八十年代的重要公交车车型。

BK640B 型公共汽车

（1970 年）

该车由北京市汽车修理公司四厂设计试制成功，使用解放牌 CA10 的底盘发动机至 1974 年，该车累计生产 953 辆，并一直使用到 1997 年。

CA6140 型普通机床

（1974 年）

沈阳第一机床厂于 1973 年 4 月通过国家鉴定，制造出 CA6140 型（基型）、CA6240 型（马鞍）、CA6150 型（加高）、CA6250 型（加高马鞍）普通机床，并于 1974 年投入批量生产。

上海 -50 型轮式拖拉机

（1979 年）

1958 年上海拖拉机制造厂第一台红旗拖拉机试制成功。1979 年，上海拖拉机制造厂改名为上海拖拉机厂，上海 -50 型轮式拖拉机正式通过国家鉴定，此后投入批量生产。

SH760A 型轿车

（1973 年）

上海汽车制造厂生产的 SH760A 型轿车是 SH760 型的改进型，是一款真正意义上批量生产的上海牌轿车。1973 年开始形成每年千辆的生产规模。

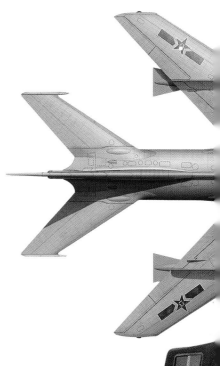

歼教-6飞机

（1970年）

1970年11月6日，国营松陵机械厂生产的歼教-6飞机成功首飞。

歼-6新甲飞机

（1977年）

歼-6新甲飞机是在歼-6甲的基础上再调整与提升，该机由贵州某厂研制，于1977年投入小批量生产。此款飞机已不再是单纯的仿制机型，而是真正意义上的改进设计机型。

红岩牌越野车

（1974年）

1974年四川汽车制造厂开始生产红岩牌CQ260重型越野汽车。随后，CQ260被改进为CQ261。CQ261在部队中的主要任务是为炮兵部队牵引重型火炮。

69式坦克

（1970年）

这款坦克是在充分吸收和借鉴59式坦克技术的基础上，由我国科技人员自行设计、研制，于1970年开始投产的第一代坦克。命名为1969式中型坦克，简称69式坦克。从59式中型坦克的第一次亮相，到69式中型坦克的自主设计下线，中国坦克工业向世人展示了从无到有、从仿造到研发的辉煌进步。

长征一号核潜艇

（1974年）

1974年8月1日，中国自行设计制造的第一艘核潜艇——长征一号正式编入海军序列，自此，人民海军进入拥有核潜艇的新阶段。

东风 EQ 240 型军用越野卡车

（1975 年）

1975 年 7 月 1 日，第二汽车制造厂（现为东风汽车集团有限公司，下同）自主创新设计的第一个基本车型 EQ240 顺利投产。EQ240 型是二汽历史上第一款 2.5 吨军用越野车型。EQ240 在战场中屡建奇功，成为我国第一代军车中的杰出代表。

跃进牌 NJ221 型越野汽车

（1977 年）

南京汽车制造厂根据国防需要设计、制造了跃进牌 NJ221 型 1 吨越野汽车，该车于 1977 年定型生产并交付部队试用。

EQ140 载重卡车

（1978 年）

第二汽车制造厂基于第一汽车制造厂 CA140 载重卡车的技术生产了 EQ140 载重卡车。后有 EQ140-1、EQ140-2 等改进车型，EQ140 一度占到全国卡车市场份额三分之二。

79 式坦克

（1979 年）

79 式主战坦克是在 69-IIM 式中型坦克基础上，同时吸收了 59-II 部分特点发展而来的新型坦克，是中国在改革开放后引进西方国家先进技术改进国产坦克的首次尝试。

中国制造
MADE IN CHINA

1980

进入 20 世纪 80 年代，改革开放对国家各个方面都产生了巨大的历史性影响。一系列经济改革与开放政策的实施，极大地促进了社会生产力的发展，国家经济实力显著增强，城乡人民生活明显改善，为后续中国经济的持续发展打下了良好基础。

计划经济向市场经济的转变过程中，社会投资需求与消费需求被极大地调动起来。这一时期一度出现社会购买力的增长超过了商品供应量增长的经济过热现象，导致经常会出现"一货难求"的局面。提高有效供给，降低物质消耗，改善产品质量，提高劳动生产率，提高资金使用效益，保证按持续、稳定、协调发展，成为这一时期国家经济建设的主要目标。

80 年代工业各领域都有大规模建设和发展，产品品类出现爆发式增长。人们的创新活力与消费热情被逐渐激发出来，新技术、新产品、新需求、新消费不断出现。生产更高质量、更节能的家用电器，引进更先进的新技术，开发新产品，来满足人们新生活方式下的多样化需求，成为这一时期产品发展的主要特征。这一时期，国有企业开始面对市场变化探索改革，新兴民营企业开始涌现，中外合资企业开始出现。中国企

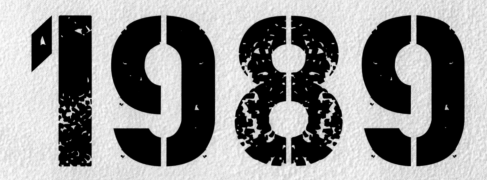

业在引进技术、生产线的基础上，再进一步与国外企业建立"产品联盟"，利用外部规模经济，实现资源共享，通过引入国外技术、资本、设备，结合国内的人力和市场,生产合作企业已有或改良的产品。在这一过程中，中国制造业开始在合作中学习、追赶，取得了巨大的进步，同时也走了不少的弯路。这一努力与全球同步的发展历程，真正拉开了中国融入世界制造体系，并逐步发展成为"世界工厂"的序幕。

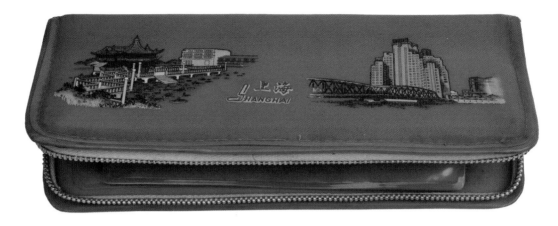

塑料铅笔盒

（1980 年）

20 世纪 80 年代，上海开始以塑料代替铁皮生产文具盒。

星球牌 509 型圆规

（20 世纪 80 年代）

T709 型绘图工具

（1983 年）

上海绘图仪器厂参考德国同类产品设计生产的 T709 型绘图工具。

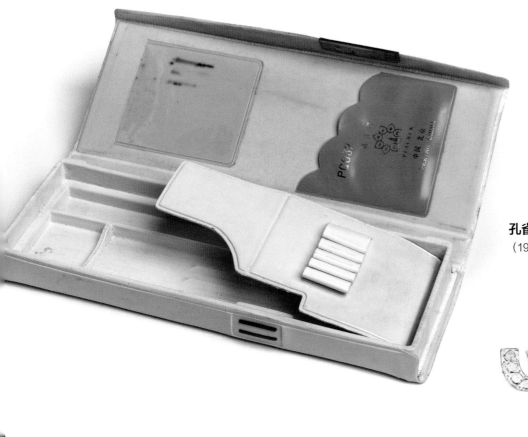

孔雀牌 PG032 款文具盒

（1985 年）

大鹏牌卷笔刀 奖杯款

长城牌卷笔刀 671 号 钢琴款

卷笔刀

（20 世纪 80 年代）

这一时期市场上出现了长城牌、
大鹏牌等大量卷笔刀产品，产品
大都模拟小动物，以及台钟、乐器、
奖杯等物品，活泼生动，产品生
产工艺传统，适合大批量生产，
满足了文具市场基本需求。

长城牌卷笔刀 座钟款

大鹏牌卷笔刀 8201 号
小老虎款

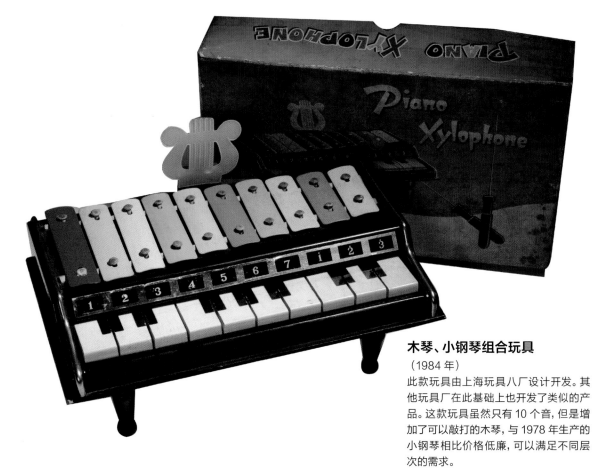

木琴、小钢琴组合玩具

（1984 年）

此款玩具由上海玩具八厂设计开发。其他玩具厂在此基础上也开发了类似的产品。这款玩具虽然只有 10 个音，但是增加了可以敲打的木琴，与 1978 年生产的小钢琴相比价格低廉，可以满足不同层次的需求。

工程车系列厚铁皮玩具

（20 世纪 80 年代）

蓓蕾牌立式 24 音小钢琴

（1984 年）

上海玩具八厂基于传统技术优势生产的蓓蕾牌立式 24 音小钢琴，获轻工业部中国美术品百花奖。此款产品主要是满足国内市场的需求。

学生牌硬面抄本

（20 世纪 80 年代）

各类办公用纸制品

（20 世纪 80 年代）

上海纸品一厂生产的各式会计用品。

快乐小镇铁皮玩具

（20 世纪 80 年代 ）

该玩具由上海玩具二厂设计生产。

冒烟电动火车

（20 世纪 80 年代）

这款冒烟电动火车在安装电池，开通电
源后，通过后轮的主驱动行驶，一边行驶
一边鸣叫、冒烟，运行至桌子的边缘还会
自动转向，深受儿童喜爱。

好孩子牌童车

（1989 年）

好孩子童车品牌创立后，发明了多功能婴
儿车，随着自主设计产品的不断推出，逐
渐走上了快速发展之路，连续多年占据
国内市场份额第一名。

电动波音 747 飞机玩具

（1986 年）

电动波音 747 飞机玩具由康元玩具厂设计师郑昌祈设计，造型逼真，是当时最大的金属玩具，也是出口创汇最高的一款金属玩具。

黑猫警长电动玩具

（1988 年）

20 世纪 80 年代，电动玩具兴起，康元玩具厂通过机电一体化设计推出黑猫警长等很多与动画作品相关的玩具产品。该款铁皮玩具的装饰设计也突破了传统的样式，生动塑造出了卡通人物形象。该类产品已经具有了文化衍生产品的特征，促进了儿童产品消费市场的发展。

扑克牌

（20 世纪 80 年代 ）

上海扑克牌厂生产的各种品牌扑克，设计新颖、质地优良、牌张清爽、弹性好、抗水性强，畅销世界各地。

珍珠系列果盘

（1981 年）

上海玻璃器皿一厂于 1981 年 7 月成功开发"珍珠"系列玻璃器皿，造型设计突破了以往玻璃器皿形态，花纹别致、造型新颖。

哈哈罗汉

（1981 年）

哈哈罗汉由中国工艺美术大师刘远长创作。其销量之大、销售地域之广泛，其他同类产品难出其右，只要有华人的地方，就有哈哈罗汉。该产品突破传统写实的方法，造型简洁生动，色彩明快淡雅，工艺上采用龙泉窑开片的工艺。该产品曾获得轻工业部新产品奖。

剑鱼玻璃插花瓶

（1980 年）

这是大连玻璃器皿厂生产的剑鱼玻璃插花瓶。该产品为全手工制作，具有艺术品特征，受到海内外消费者喜爱，是当时中国重要出口产品之一。

景德镇产青花玲珑加彩团龙餐碗

（1983 年）

玻璃杯

（20 世纪 80 年代）

玻璃高脚果盘

（1988 年）

景德镇产青花缠枝纹鱼盘
（20 世纪 80 年代）

青花玲珑碗
（1986 年）

满地金水品锅
（20 世纪 80 年代）
20 世纪 80 年代陶瓷产品的设计基本思路是运用传统工艺和装饰纹样来提升产品的品质，其特点是"重工""满地"。满地金水品锅、鱼盆是日用陶瓷外贸产品中的典型代表。

青花玲珑45头清香西餐具主件圆盘

（1986年）

该产品是光明瓷厂生产的青花梧桐系列的后继产品。青花玲珑是景德镇研创的经典传统装饰。玲珑眼多为米粒状，也有水点状、浪花状、兰花瓣、桃形、菱形等，俗称"芝麻漏"，又称"米花"。青花玲珑碗采用镂雕艺术的手法，吸取青花艺术的特长，将两种装饰结合在白中泛青的瓷胎上，斑斓透明、青翠欲滴、精巧细腻、朴素大方。1986年，在德国莱比锡春季国际博览会上，该产品以其色泽柔和、幽靓典雅、玲珑剔透的设计风格赢得高度赞赏，荣获国际金质奖章。同年7月，该产品又在江西省陶瓷行业优质产品评比会上，以最高成绩获得全省同行业餐具类评比第一名。

满地金水鱼盘

（1988年）

蓝色玻璃果盘

（1988年）

紫色玻璃果盘

（1988年）

金钱牌搪瓷面盆

（1982 年）

进入 20 世纪 80 年代后，消费市场整体复兴，搪瓷面盆也需要产品创新，设计师通过运用花卉、鸟兽、风景等图像美化产品，同时采用移印工艺，使得图形更加精美逼真，进而提高产品的品质感。

搪瓷面盆

（1982 年）

上海搪瓷六厂生产的搪瓷面盆。以上海的风景、工业成就及"上海"二字为元素，推出了一系列产品。产品充分体现出上海工业特征，满足了 20 世纪 80 年代新一代消费者的审美需求。

竹壳大口保温瓶

（1980 年）

20 世纪 60 年代以来，有部分保温瓶用竹材作为外壳，随着技术的改进，工艺逐渐成熟。80 年代后，随着人民生活水平不断提高，竹壳保温瓶销售逐渐下滑，至 1985 年完全退出市场。

乐牌上海大世界搪瓷盆

20 世纪 80 年）

星宝牌搪瓷面盆

（1982 年）

该产品主打婚庆市场，以吉祥纹样来
装饰产品，采用新工艺，使得产品装
饰图形色泽鲜艳。

**向阳牌全铝刻花镀黄 5 号保
温瓶**

（20 世纪 80 年代）

向阳牌全铝刻花镀黄 5 号保温瓶由
上海保温瓶三厂于 20 世纪 80 年代
生产制造。其特点是手工琢刻各种吉
祥图形，是婚庆必选产品之一。

向阳牌保温瓶

（1980 年）

鹤牌保温壶

（1982 年）
在传统保温瓶的基础上，通过简单地
改变形态，使之更加方便使用。

雪山牌冰棒壶

（1982 年）

向阳牌保温瓶

（1980 年）
该产品由上海保温瓶三厂设计，利用
日本进口设备生产，色彩呈现度更好，
产品更美观，成为当时人们结婚首选
保温瓶。

电加热气压出水保温瓶

（1988 年）

上海保温瓶一厂试制的电加热气压出水保温瓶成功投产，成为我国保温瓶工业的升级换代产品。

双箭牌剃须刀

（1988 年）

该产品由上海新中华刀剪厂生产。

钟山牌十七钻防震手表

（20 世纪 80 年代）

该产品由南京钟表厂设计生产。

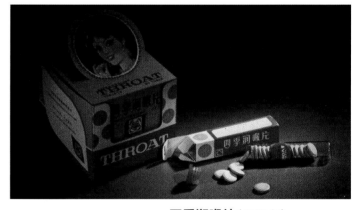

四季润喉片（1982 年）

由上海黄河制药厂生产。

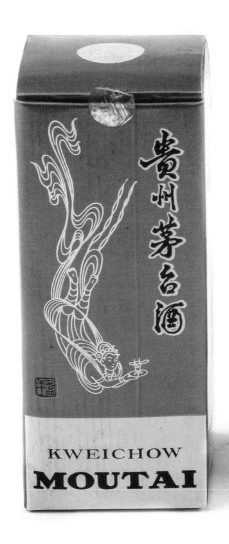

茅台酒

（1985 年）

基于出口需要, 茅台酒厂重新设计了一款产品。这是第一次以敦煌壁画中的飞天形象作为主要元素进行设计, 同时结合新颖的印刷工艺, 大大提升了茅台酒的品质感, 同时也满足了国际市场上品牌传播的需求, 改变了中国传统品牌的形象, 促进了产品的销售。

双喜牌高压锅

（20 世纪 80 年代）
该产品由沈阳市黎明铝制品厂生产。

中洲牌远红外食品电烤箱

（20 世纪 80 年代）
该产品由河南省新乡家用电器厂生产。

三角牌 CYESI 型保温式自动压力电饭煲

（1988 年）
由广东省湛江市华侨电器企业公司生产，1988 年 12 月荣获国家科技进步金龙腾飞奖。

牡丹牌电饭锅

（20 世纪 80 年代）
上海电饭锅厂生产的电饭锅，内销商标为牡丹牌，外销商标为葵花牌。

半球牌 CFXB 型保温式自动电饭锅

（1983 年）

该款电饭煲由广东半球实业集团公司生产。在 1983 年国家轻工业部电饭锅质量评比中，荣获优质产品奖。1985 年，该产品又获全国轻工业部优秀新产品奖。

三角牌保温式自动电饭锅

（1983 年）

由广东省湛江市家用电器工业公司（后更名为广东半球实业集团公司）生产。三角牌为出口商标（出口时厂商标注为广东湛江市华侨电器企业公司），半球牌为内销商标。

三五牌系列不锈钢厨用器具

（1988 年）

20 世纪 80 年代中后期，不锈钢产品开始替代搪瓷产品。以前生产搪瓷的工厂重组，转型生产不锈钢产品，特别是不锈钢厨房用品，其中三五牌系列不锈钢产品是典型的代表产品。

日用五金电器（上图）

（20 世纪 80 年代）

上海市日用五金公司经销的各种日用五金电器。品种丰富，在满足使用功能的基础上，进行了装饰图案、色彩搭配设计，好看又实用。

塑料材质日用产品（左图）

（20 世纪 80 年代）

上海市塑料制品公司生产的塑料餐具、茶具、卫生用具、文化用具、塑料包装袋、周转箱、薄壁瓶、打包带、网兜等日用塑料制品，设计简洁，色彩明亮，品种丰富，便宜实用。

搪瓷烧锅、咖喱锅

（20 世纪 80 年代）
该系列产品是由扬州搪瓷厂生产
的出口产品。

凤凰珍珠霜

（20 世纪 80 年代）
该产品由上海日用化学品二厂生
产（此图为同系列的营养水的包
装效果图）。

搪瓷食篮

（20 世纪 80 年代）
为满足海外市场的需要，这一款
传统食篮产品被小批量生产，是
这个时期出口创汇的重要产品
之一。

芳草牌牙膏

（1982 年）

该产品由合肥日用化工厂生产。

达尔美洗发精包装

（1982 年）

该产品由上海合成洗涤剂五厂生产。

鹿牌洗衣粉包装

（1981 年）

该产品由山东潍坊洗涤剂厂生产，并荣获轻工业部优质产品奖。

露美牌化妆品包装设计

（1985 年）

1983 年，上海轻工业局组织相关人员进行高级成套化妆品的试制攻关，从香型调制、品牌形象、器皿造型以及包装设计都做了大幅度的拓展优化。1985 年，露美牌化妆品试制成功，其中包装由刘维亚等设计。产品在保持高级成套化妆品特征的同时，适当地融入了中国元素，曾作为国礼使用。该产品影响了其他省市同时期、同类产品的研发设计。

花牌女鞋

（20 世纪 80 年代）
上海皮鞋厂是上海规模最大的
皮鞋厂, 生产的高档、优质的花
牌女鞋、牛头牌男鞋,畅销国内外。

海鸥牌、凤凰牌女皮鞋

（20 世纪 80 年代）
这两个品牌的皮鞋由亚洲皮鞋厂
生产。

旅行牌人造革箱包

（20 世纪 80 年代）

上海第七皮件厂生产的各种男
包、女包做工精细，配件别致，
造型设计简洁大方。

翔牌女装

（0 世纪 80 年代）

丰牌男装

（0 世纪 80 年代）

长征牌旅行箱、公文箱

（20 世纪 80 年代）

上海东华皮件厂生产的旅行箱，
用料讲究，携带方便。公文箱装
有密码锁，开启方便，使用可靠，
深受消费者喜爱。

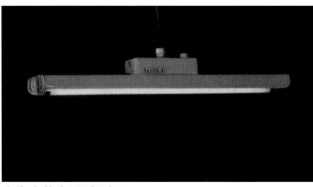 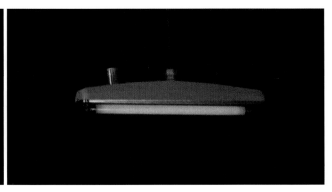

上海产荧光系列吊灯

（20 世纪 80 年代）

上海市照明灯具厂的系列荧光吊灯。

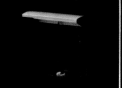  

上海产荧光系列台灯

（20 世纪 80 年代）

该产品由上海市照明灯具厂生产。

上海产 JC9-84 型软梗轧床灯

（20 世纪 80 年代）

该产品由上海市照明灯具厂生产。

上海产 YT8-4 型台灯

（20 世纪 80 年代）

该产品由上海市照明灯具厂生产。

上海产 JC51-B 型调光书写台灯

（20 世纪 80 年代）

该款产品由上海市照明灯具公司生产，具有现代主义设计特征，合理的调节光照功能设计，利于使用者的用眼健康，其设计开启了家庭灯具设计的新思路。

上海产车料玻璃台灯

（20 世纪 80 年代）

上海市照明灯具公司生产的车料玻璃台
灯。

玻璃灯罩

（20 世纪 80 年代）

上海虹强灯具玻璃厂生产的玻璃灯罩，
丰富了灯罩样式，美化了家居生活环境，
开启了灯具装饰设计的新时代。

上海电讯器材厂生产的电话

（1982 年）

山雁牌传真机

（1982 年）

由上海有线电厂生产。

BFS-4201 程控发报机

（1989 年）

上海电信设备三厂生产的此款发报机，获全国"五小"智慧杯一等奖和上海市优秀新产品一等奖。

TCL HA868（Ⅲ）P/TSD 电话机（右页图）

（1986 年）

TCL 推出我国第一部免提式按键电话—TCHA868（Ⅲ）P/TSD 。20 世纪 80 年代中到 90 年代初，TCL 电话曾占据中国电信市场份额的 65%，并出口 30 多个国家，成为家喻户晓的中国电话大王，并获得"国优产品"的称号。此类电话机的设计，改变了以往传统电话机形态，造型简约现代，方便操作使用。

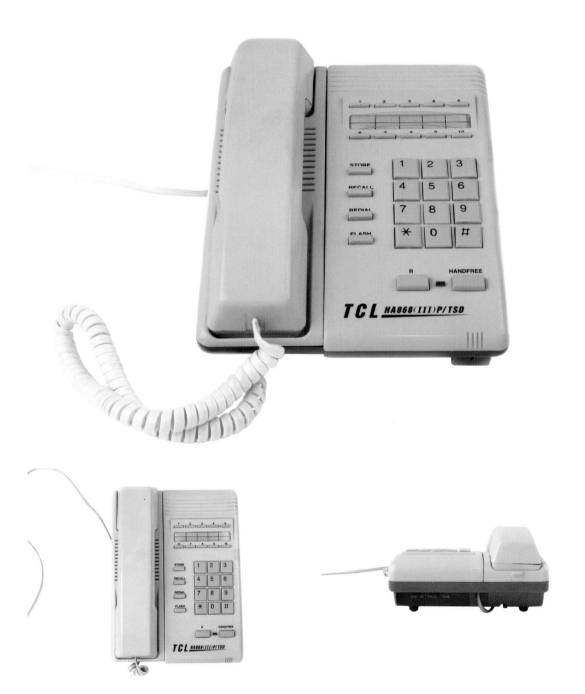

海燕牌 6701 型收录机
（1981 年）
该产品由上海一〇一厂生产。

海燕牌 T241 型收音机
（1981 年）
该产品由上海一〇一厂生产，同年获得国家银质奖。

熊猫牌收录机

（1981 年）
该产品由国营南京无线电厂生
产。

凯歌牌 4DL1 型收录机

（1982 年）
上海无线电四厂生产的凯歌牌
4DL1 型调频调幅立体声四喇叭
收录机。

**红灯牌 2L9099 型
收录机**

（20 世纪 80 年代）
该型便携式调频调幅三波段立
体声收录机，由上海无线电二厂
设计生产。

红灯牌 2L1420 收录机

(20 世纪 80 年代)

该产品由上海无线电二厂生产。

红灯 2B940A 型便携收音机
（1985 年）
该产品由上海无线电二厂生产。

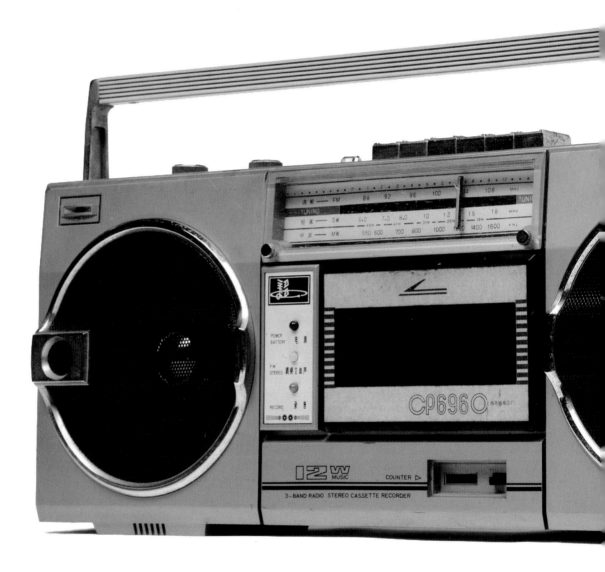

美多牌 CP6960 型收录机

（20 世纪 80 年代）

此款收录机由上海无线电三厂生产。

1986 年 燕舞收录机广告

燕舞牌 L-1541A 型收录机
（1988 年）

燕舞牌 L-1500 型六喇叭（分别为高、中、低音）调频调幅收录机，核心部件均从日本进口，价格是日本同类产品的三分之一左右。L-1541A 型便携式调频调幅收录机，满足了当时青年人在户外"劲舞"伴奏的需求，通过电视广告表现的富有激情的生活场景，有力推动了产品的销售，燕舞产品一时风靡全国。

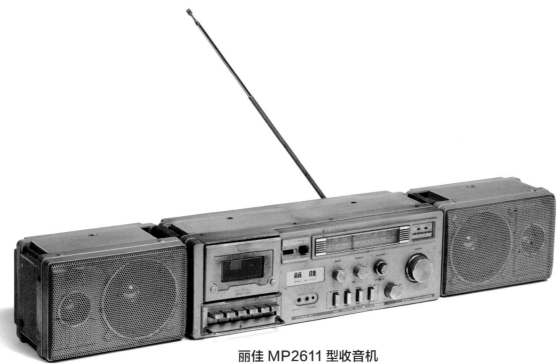

丽佳 MP2611 型收音机

（1989 年）

海鸥 DF-2 型 照相机

（1983 年）
该产品由上海照相机总厂设计、
生产。

凤凰牌 205E 型照相机

（1983 年）

凤凰牌 205 型系列照相机生产于 1970 年，是
上海照相机二厂向内地迁移后生产的产品（后
又由江西光学仪器厂生产），原用名为海鸥牌
205 型，自 1983 年起正式改名为凤凰牌 205
型。产量从最初的年产几千台至鼎盛时期年产
30 余万台，市场拥有量 400 万台，堪称国产同
类相机销量之最，在全国照相机测试评比中曾
四次夺冠。

海鸥照相机闪光灯

（1983 年）

该产品由上海照相机总厂生产。

牡丹牌双镜头反光相机

（1983 年）

该款相机由丹东照相机厂生产，以海鸥牌 4B 型照相机为原型机，增设了硫化镉跳灯式测光表，由三枚发光二极管指示曝光值，代表了当时国产照相机的先进水平。

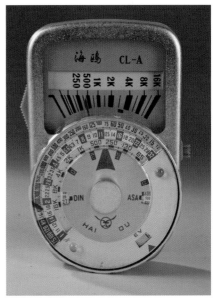

海鸥牌 CK-A 型 摄影器材

（1983 年）

该产品由上海照相机总厂生产。

华夏牌 821 型照相机

（1983 年）

1983 年，河南信阳市三五八厂
生产的百灵牌 821 型照相机改
为华夏牌，同年 11 月荣获国家
经委颁发的优秀新产品金龙奖。

华夏牌 822 型照相机

（1984 年）

该款相机是华夏牌 821 型照相
机的改进型产品，1984 年获得
国家经委优秀新产品金龙奖、兵
器工业部优秀作品，1985 年获
得河南省优秀产品称号。

青岛 -6 型照相机

（1985 年）

青岛照相机总厂引进日本阿柯发
公司的技术，制造了该款照相机，
价格低廉，性能可靠，拥有大量
消费者。

甘光牌 JG304D 型
照相机

（1983 年）

甘肃光学仪器厂 1983 年开始
生产采用日本精工快门的甘光牌
JG304D 型 35 mm 平视取景
电子程序快门照相机。

红梅牌 JG304A 型
照相机

（1985 年）

此款照相机由常州照相机总厂生
产。该相机是一款物美价廉的普
及型产品，深受广大消费者喜爱，
其制造过程已逐步形成简易照相
机的制造标准。

海鸥 DF-300 照相机

（1986 年）

上海照相机总厂研制生产的海鸥牌 DF-300 型照相机，于 1988 年底投放市场。该款机型是我国第一台采用光圈优先、电子快门自动曝光和手动曝光两种曝光模式的照相机。

东方 EF-35 II 型相机

（1987 年）

该产品由天津市照相机公司生产。

红心牌电熨斗

（1985 年）

20 世纪 80 年代，上海电熨斗总厂引进日本技术生产电熨斗，改变了传统云母发热的技术，形成了新一代产品。该产品主要满足国内市场需求。

C31 型精密电表

（1981 年）

上海第二电表厂生产的 C31 型精密电表，荣获 1981 年国家银质奖。

春花牌 XDL-60 型立式吸尘器

（1986 年）

苏州吸尘器厂生产的立式吸尘器是我国第一代家用吸尘器。

蝴蝶牌 JA-1 型家用缝纫机

（1985 年）

该款缝纫机由上海东方红缝纫机厂生产制造，是缝纫机出口的主要产品之一。该产品用仿木质塑料贴面替代传统人造板做台板，根据外商建议增加印金纹样面积，且由专业工厂协作提供工艺，整机装饰性、美观度大大提高，在促进产品出口的同时，改善了内销产品品质。

飞人牌缝纫机

（1982 年）

上海缝纫机一厂在前期产品的基础上，在保留各项功能的前提下，进行简化设计，使得产品能够大批量生产，并且价格适中，满足人们日常生活需求。

熊猫牌电视机

（1981 年）

国营南京无线电厂生产的熊猫牌广播电视产品是我国第一个进入国际市场的名牌电子产品。1981 年第三届全国电视机评比中，熊猫牌 DB31H3 型 12 寸电视机获得一等奖，被评为国家广播电视优质产品。

**幸福牌 CZ11-D 型
电视接收机**

（20 世纪 80 年代）

该产品由常州电视机厂生产。

**牡丹牌 TC483-D 型
彩色电视机**

（20 世纪 80 年代）

该产品由北京电视机厂生产。

凯歌牌 4D20 型电视机

（1982 年）

上海无线电四厂生产的凯歌牌 4D20 型全频道高低音多功能 12 寸黑白电视机。

凯歌牌 4D16 型电视机

（1982 年）

上海无线电四厂生产的凯歌牌 4D16 型 14 寸全频道黑白电视机。

金星牌 C37-401 型 彩色电视机

（20 世纪 80 年代）

该产品由上海电视一厂生产。

金星牌 B35-1U 型
电视机

（1982 年）
由上海电视一厂设计生产的
B35-1U 型全频道集成电路电
视接收机，是我国第一代模拟立
体声电视机产品。

**凯歌牌 4C4701 型
彩色电视机**
（20 世纪 80 年代）
此款电视机由上海无线电四厂生
产。

华生牌电风扇（宣传广告）

（20 世纪 80 年代）
华生电扇厂不断改进产品设计，推出
新产品，其中 400 毫米电容式四档
琴键开关台扇荣获 1980 年国家银
质奖。

**荷花牌 FT2640Q 型
电风扇**
（20 世纪 80 年代）
由上海崇明电扇厂生产。

双鹿牌单、双门冰箱

（20 世纪 80 年代）

1981 年以后，上海电冰箱厂为新开发的 BY-100 升、BY-145 升等直冷式单门电冰箱启用了新的品牌名称——双鹿牌。1981 至 1985 年间，上海电冰箱厂共计生产电冰箱 11.21 万台；1986 至 1990 年间，共计生产电冰箱 61.18 万台。

容声牌电冰箱

（20 世纪 80 年代）

1983 年，广东顺德试制、生产出中国第一台双门电冰箱，并成立了珠江电冰箱厂（后更名为广东科龙电器）。到 20 世纪 90 年代初容声冰箱年销量达 48 万台，登上了全国销量榜首。

海尔牌电冰箱

（20 世纪 80 年代）

20 世纪 80 年代海尔集团设计生产出中国第一台上冷藏、下冷冻式电冰箱。

凤凰牌 BCD-170 双门电冰箱

（20 世纪 80 年代）
该型冰箱是宁波冰箱厂引进意大利 IRE 公司冰箱技术、成套生产线和生产技术后生产的产品。

白云牌电冰箱

（1984 年）
1983 年，沅江机械厂（后更名为白云家用电器总厂）试制出 160 立升双门双温电冰箱，1984 年投入批量生产。1985 年，该厂生产的电冰箱被评为湖南省优质产品。

上菱牌 BCD-180 型四星级双门电冰箱

（1986 年）
上菱牌电冰箱为 1986 年从日本三菱电机株式会社引进生产流水线后生产的产品。

水仙牌洗衣机

（1980 年）

水仙牌洗衣机由上海洗衣机总厂于
1980 年开始生产，1992 年厂改制
为上海水仙电器股份有限公司继续
生产。水仙牌洗衣机有单桶、双桶、
套桶全自动等 3 个系列的 30 个品种、
规格。双桶洗衣机额定容量有 2、4、5、
6 公斤等 4 个规格。

**小天鹅 XQB30-7 型
大波轮全自动洗衣机**

（1981 年）

其全自动的设计开启了中国洗衣机
升级换代的序幕。

**水仙牌 XPB2.0-1 型
洗衣机**

（1983 年）

该产品由上海洗衣机总厂生产。

**双鸥牌 XPB20-3 型
洗衣机**

（20 世纪 80 年代）

该产品由陕西洗衣机厂生产。

双燕 XPB1.5 型洗衣机

（1981 年）
该产品由新都机械厂生产。

立柜式空调机

窗式空调器

（20 世纪 80 年代）

上海空调机厂是我国最大的生产空调机、去湿机、冰箱等冷冻空调设备的专业厂之一。为宾馆、饭店、医院、实验室等提供空调设备。其产品包括制冷量 6000 大卡 / 时以下的窗式空调、6000—40000 大卡 / 时的水冷分离型立柜式空调机、移动去湿机、厨房冰箱，以及恒温恒湿型、热泵型和各种特殊用途的空调设备。

分离式热泵型空调机

华达牌多级驱动组合式自动扶梯

（1982 年）

该产品由上海长城电梯厂生产。

百乐牌 60 贝斯 34 键手风琴

（1985 年）
该产品由上海手风琴厂生产，是国内生产批量最大、被广泛使用的一款产品。

宏图牌 LLD－Ⅲ型多功能电子琴

（1987 年）
该产品由上海岭岭电子公司和扬州工艺美术二厂共同开发。

聂耳牌立式钢琴

（20 世纪 80 年代）

聂耳牌钢琴是上海钢琴厂生产的国产名
琴。以优秀的音色、独特而先进的工艺和
卓越的演奏性能著称。击弦机采用德国
进口的七轴铣床加工一次成型。钢琴木壳
油漆工艺采用不饱和聚酯漆，漆膜光亮
如镜。既满足了国内对普通钢琴的需求，
同时又面向全球出口，是外贸产品中附加
价值很高的产品。

英雄牌 110 型手提打字机

（1982 年）

1982 年 12 月，上海打字机二厂在手提
英文打字机领域推出英雄牌 110 型手提
英文打字机，该机是在原飞鱼 PSQ100
型的基础上加以改进制成的。

长空牌手提英文打字机

（1983 年）
该产品由上海航空发动机制造厂生产。

英雄牌 930 型打字机

（20 世纪 80 年代）
该产品由上海打字机二厂生产。

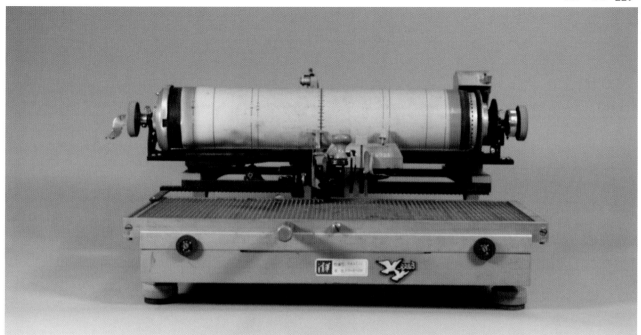

双鸽牌 DHY-d 型中文打字机

（1984 年）

长城牌 0520 微型计算机

（1987 年）

1987 年 5 月，中国长城计算机集团公司自主开发了第一台国产 286 多用户的微型计算机——长城牌 0520。该机采用了高精度汉字图形中文信息处理技术、硬件接插板和软件操作系统兼容等国内领先技术，其速度比 0520CH 提高 5 倍。其系统配套、汉字和图形显示、性能价格比等方面均达到甚至超过国外同类产品。

联想 LX-286 微型计算机

（1989 年）

1992 年，该产品汉字处理功能的微机系统获得国家科技进步一等奖。

凤凰牌 YG/H911 型
24 寸轻便多速车
（20 世纪 80 年代）
凤凰牌系列自行车均由上海自行
车三厂生产。

凤凰牌 YE/F805 型
26 寸轻便多速车
（20 世纪 80 年代）

凤凰牌（BMX）YN832 型
20×12 寸自行车
（20 世纪 80 年代）

永久牌 301 城市轻便车
（1982 年）
由朱钟炎主持设计的永久牌 301 城
市轻便车，获得轻工业部新产品奖。

凤凰牌 QH905 型自行车

（20世纪80年代）

上海市自行车三厂生产的凤凰牌
QH905型自行车。

凤凰牌系列自行车

（20世纪80年代）

永久牌 SC654 型公路赛车

（1989 年）

在第十四届亚洲自行车锦标赛上中国运动员骑永久 SC654 型赛车，夺得了男子四人组 100 公里计时赛冠军。

玉河牌 50Q-2 型轻便摩托车

（20 世纪 80 年代）

该产品由南京国营玉河机器厂生产。

五征牌三轮汽车、低速货车（单缸）

（20 世纪 80 年代）

山东五征集团有限公司生产的五征牌三轮汽车、低速货车，均采用单缸发动机，主要满足乡村交通运输的需求。

幸福牌 125 型摩托车

（1987 年）

1987 年 5 月，中泰合资上海易初摩托车有限公司成立。该公司引进日本本田公司产品，使用"幸福"品牌，试制出 125 型摩托车，主打民用市场，整车造型线条流畅，结构紧凑，操作轻便首批 100 辆摩托车试制完成后，公司迅速扩大产能，以满足市场需求。

嘉陵 JH70

（1988 年）

嘉陵 JH70 是中国嘉陵工业股份有限公司（集团）和本田公司合作生产的一款产品，当时是零件进口、国内组装。

红旗牌 CA630 型旅游车

（1980 年）

1980 年，第一汽车制造厂根据旅游事业发展的需要，参照丰田考斯特车型，开始自行设计旅游车。1980 年 6 月 5 日，该厂成功试制了红旗牌 CA630 型 16 座高级旅游车。

红旗牌 CA770W 型救护车

（1980 年）

1980 年 6 月，第一汽车制造厂以 CA770 为基础，利用 CA770 的车身与底盘，将后行李箱与后顶盖部分加以补充，设计出车内空间十分宽裕的 CA770W 型救护车。

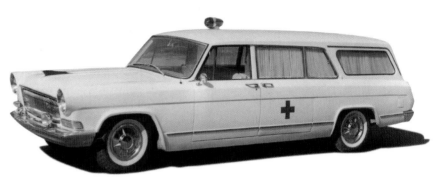

跃进牌 NJ131 型轻型载重汽车

（1982 年）

跃进牌 NJ131 型 3 吨平头轻型载重汽车，由南京汽车制造厂于 1984 年完成第二轮试制。1985 年 NJ131A，NJD131 型 3 吨汽车开始投入批量生产。

解放牌 CA-141 型汽车

（1981 年）

1981 年 10 月 7 日，第一汽车制造厂设计制造的第一辆解放牌 CA-141 型样车装配成功。该车于 1986 年 7 月 15 日投入试生产，作为 CA10 型的垂直换代产品，展现了载货汽车新的产品形象和技术性能。

大众 – 桑塔纳轿车

（1982 年）

1983 年中国第一台组装桑塔纳下线，以后实现批量生产。该车型在出租车、警车等各行业中被广泛使用，后期逐步进入中国普通家庭。经过长期设计改进，形成了一个完整的系列。

解放牌 CA15 型越野汽车

（1982 年）

解放牌 CA15 型越野车于 1982年 5 月开始研发，于 1983 年 1 月1 日投产。该车在保持解放牌汽车可靠耐用的基础上，进一步提高发动机的功率和扭矩，加长车厢、车架和轴距，加强制动系统和车架，采用新型后视镜，提高了行车安全性。CA15 型载重汽车的外形与 CA10C 型相似，动力性指标与 CA10C 型相当，但经济性却比CA10C 型提高 8%。

CW6263B 马鞍车床

（1983 年）

沈阳第一机器厂对 Φ630~Φ1000mm
两个系列普通车床进行了更新和部分改
进，取名为"B"系列，包括 CW6163B、
CW6263B、CW6280B、CW6180B、
CW61100B、CW61125B、S1-170B 等。

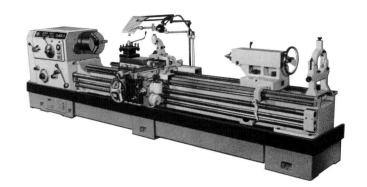

红旗牌 CA760 型高级轿车

（1984 年）

第一汽车制造厂于 1984 年 10 月试制出
红旗牌 CA760 型两排座和三排座两辆
样车。

红旗 CA770TJ 特种检阅车

（1984 年）

国庆 35 周年阅兵庆典上，国家领导人乘
坐红旗 CA770TJ 特种检阅车检阅三军。

华利牌面包车

（1984 年）

1984 年 9 月，天津一汽华利汽车有限公司与日本大发合资生产的华利面包车。1984—1999 年，天津一汽华利汽车有限公司总共生产了 30 万辆华利面包车，其中有 90% 是供给全国各地的出租行业使用。

黎明牌 YQC6460(Y) 系列轻型客车

（20 世纪 80 年代）

江苏仪征汽车制造厂生产的该系列轻型客车，采用南京 NJ130 轻型货车底盘，设计目标是公务、商务多用途用车，是当时该类型的唯一一款汽车，因而受到市场的普遍欢迎，供不应求。

切诺基 BJ213

（1985 年）

北京吉普汽车有限公司第一款产品 BJ213 型切诺基正式投产。

由 SX2190 型改装的
油料运输车

（20 世纪 80 年代）

20 世纪 80 年代中期，陕西汽车制造厂生产出根据 SX2190 型 (6×6) 七吨军用越野汽车改装的油料运输车。

解放牌系列起吊车

（20 世纪 80 年代）

图为基于解放牌载重汽车改造的起吊车。

沈飞牌 SFQ6983 型客车

（20 世纪 80 年代）

该车为前置汽油发动机的中档客车，设有 49 个座位，可作为长途客运和团体用车。

解放牌系列消防车

（20 世纪 80 年代）

图为基于解放牌载重汽车改造的消防车。

解放牌系列油罐车

（20 世纪 80 年代）

图为基于解放牌载重汽车改造的系列油罐车。

铁马牌越野车

（1986 年）

从 20 世纪 80 年代开始，以重庆西南车辆制造厂（现为重庆铁马工业集团有限公司，下同）为主的有关企业以奔驰 2026 为基础，结合中国国情，研制出我国新一代重型越野车——铁马。1982 年年底，铁马 XC2200（6×6）7.5 吨载重越野车样车研制成功。1986 年，铁马 XC2200 设计定型并投入批量生产。

东风牌 EQ140-1 型载重汽车

（1986 年）

EQ140 是第二汽车制造厂（现为东风汽车集团有限公司，下同）于 1978 年投产的民用车产品，随着它不断地被投入社会，成为了社会主义建设和国民经济建设的生力军。1986 年 9 月第二汽车制造厂全面转产，EQ140 改型为 EQ140-1，酝酿多年的曲面玻璃驾驶室大批量装车，平面玻璃与曲面玻璃驾驶室并存，1988 年后将型号分别更改为 EQ1090E 和 EQ1090F。

红旗牌 CA770D 型轿车

（1987 年）

1987 年 12 月，第一汽车制造厂王伯龄工程师设计完成了第一辆红旗 CA770D-1E 的样车。

象牌 SXC6601 型轻型客车

（1988 年）

该车由万象汽车厂生产。

北京牌 BJ2020S 型吉普车

（1988 年）

北京牌 BJ2020S 系列从 1988 年开始生产，深受市场欢迎。升级后的 BJ2020S 军用吉普车代替 BJ212S 成为中国军队和武警部队中最流行的轻型多用途车辆。此后不少武器平台和突击车，如伞兵突击车等都是在北京牌 BJ2020S 型军用吉普车的基础上被改装出来的。

运 -10 飞机

（1980 年）

运 -10 飞机是 20 世纪 70 年代由上海飞机制造厂（现为中国商飞上海飞机制造有限公司,下同）研制的中国第一架完全拥有自主知识产权的大型喷气客机, 1980 年 9 月首次试飞成功。

歼 -8I 型飞机

（1982 年）

1980 年，歼 -8I 飞机在松陵机械公司完成总装,1982 年首飞成功。1985 年航定委正式批准歼 -8I 设计定型。

歼 -8 Ⅱ 战斗机

（1984 年）

歼 -8 Ⅱ 歼击机,是松陵机械公司生产的歼 -8 改进型高空高速战斗机。1984 年歼 -8 Ⅱ 原型机首飞成功,1988 年正式定型。

运 -7J 军用运输机

（1988 年）

运 -7J 军用运输机，是中国航空
工业西安飞机工业公司根据空
军 1980 年的相关要求研制的。
运 -7J 安装了完整的通信、导航、
航行仪表和部分军械设备，于
1988 年 11 月 25 日首飞，1991
年全部设计定型，随后首批 2 架
交付部队使用。

88 式坦克

（1988 年）

80/88 式主战坦克继承了 59 式、
69 式的整体布局方式和铸造炮
塔的基本结构，同时采用了许多
新技术、新部件。该型坦克的研
制成功，标志着中国坦克事业进
入一个新的发展阶段。

中国制造
MADE IN CHINA

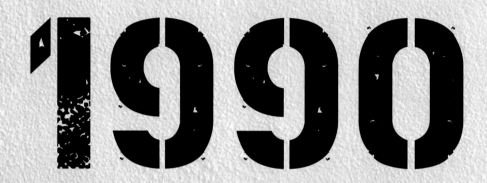

　　20 世纪 90 年代，经济区域化、一体化、全球化进程明显加快，欧美等发达国家进入了后工业时代，尤其是信息革命极大地改变了世界生产体系在空间上的分布。此时，我国加速改革开放，开始参与到国际分工中，承接产业转移，中国制造业开始逐步成为全球化产业链中的重要环节。中国经济在投资推动下，连续数年高速增长，经济结构与经济机制发生深刻变化，已形成具有相当规模、门类齐全、能够满足国内需求又有一定国际竞争能力的工业生产制造体系，中国经济开始步入工业化进程的新阶段。

　　20 世纪 90 年代是通过合资、引进技术实现高速发展的时代，是人们思想与生活方式转变最为活跃的年代，中国的工业发展充满活力。在延续 80 年代电冰箱、洗衣机、电风扇、自行车、手表、金属制品、箱包、玩具、陶瓷等各类产品生产与品质提升的同时，涌现出第一部免提按键电话、中国第一部手机、第一台 VCD、第一台电脑、第一台民用数码相机、第一台风冷冰箱、第一台背投电视机等一大批信息技术发展背景下的新产品、新领域，这也成为 90 年代产品谱系所呈现出的最突出特征。这一发展过程中有众多新兴企业涌现，在经历初期原始积累后，其中一些企

业开始思考如何在世界制造体系中占据主动位置，开始探索自主创新设计发展的转型之路。但同时也有大量企业因为创新力不足而没能实现持续发展。这一时期的探索与积累，成为众多未来高科技企业出现与发展的根基，为中国未来信息化产业的整体发展奠定了坚实基础。这一章没有将之前年代一直延续生产的产品品类再度呈现，主要陈列了新时期新产品，这一时期在让我们看到技术革命带来的爆炸式发展的同时，也让我们深刻地感受到自主研发、创新设计对中国制造业可持续发展的重要性。

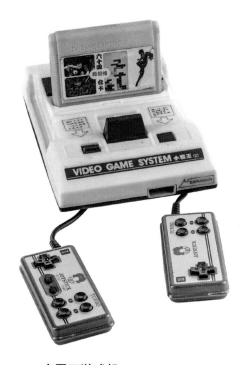

小霸王游戏机

（1991 年）

小霸王电子工业公司推出的"小霸王"游戏机，很快风靡全国，当年销售 300 万台，雄踞国内游戏机市场第一名。

小霸王二代学习机 SB-486B

（1994 年）

该产品由小霸王电子工业公司开发生产。

"软驱一号"插卡式学习机

（1996 年）

步步高教育电子有限公司生产的第一款自主品牌的"软驱一号"插卡式学习机。

步步高 BK680 复读机

（1998 年）

这是步步高推出的第一款复读
机，实现了 120 秒复读功能。

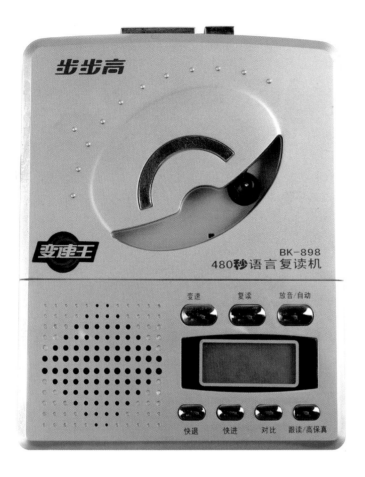

步步高 BK898 型复读机

（1999 年）

这一款复读机实现了变语不变调复
读功能。

玻璃果盘
（20 世纪 90 年代）

蒙德里安杯（左页图）
（20 世纪 90 年代）
20 世纪 90 年代中国从日本引
进可以 360° 印制的设备，从而
保证了连续纹样印制的完整性。
设计师受到荷兰构成主义风格
启发，基于 360° 印制的工艺特
性设计了这款玻璃杯。

蜂腰有色花瓶
（20 世纪 90 年代）
由上海玻璃器皿二厂生产。

华尔姿彩妆系列

（1992 年）

该系列产品由顾传熙设计。顾传
熙先后为华尔姿、东方之宝、高
姿等化妆品品牌设计了系列包
装。

**华尔姿护肤系列包装手绘
和模型**

（1993 年）

**华尔姿儿童护肤系列包装
手绘和模型**

（1993 年）

高姿彩妆系列

（1997 年）

东方之宝摩丝

（1990 年）

东方之宝摩丝

（1990 年）

高姿彩虹保湿洁面啫喱

（1996 年）

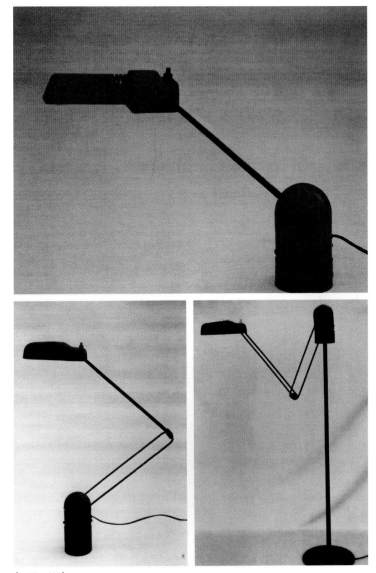

灯具系列

(1990 年)

由王广涛设计的灯具系列, 曾获
中国照明电器协会特等奖, 轻工
业部优秀工业设计一等奖。

明可达牌台灯

（20 世纪 90 年代）

该产品由广东省鹤山市明可达电
器实业公司生产。

明佳牌 MC K1000 型相机

（1990 年）

明佳牌 MCK1000 型即珠江牌同款产品，由重庆明佳光电仪器厂生产制造。1988 年后改进产品并使用 MINGCA 品牌继续推出后续产品。

海鸥牌 4B 型香港回归纪念版照相机

（1997 年）

这是上海照相机厂为纪念香港回归而设计生产的一款照相机。采用红色面板结合金色按钮，凸显了香港回归举国欢庆的气氛。该款相机也是海鸥 4B 型相机的谢幕之作。

珠江牌牌
MC K1000A 型相机

（1998 年）

重庆明佳光电仪器厂重新使用珠江品牌，在明佳 K1000 产品基础上，推出的一款相机，并使用 MCk1000A 作为产品型号。

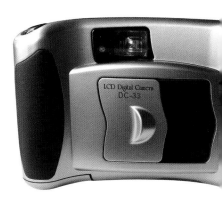

海鸥牌 DC-33 照相机

（1998 年）

海鸥牌 DC-33 是中国第一台民用数码相机，有效像素为 30 万，采用 CCD 影像传感器，5 片 5 组镜头结构设计，配备一块 1.8 英寸彩色 LCD 显示屏。

海鸥牌 DF5000 照相机

（1997 年）

上海海鸥照相机销售有限公司成立后，希望改变传统产品的形象，借鉴日本佳能照相机的设计经验，邀请德国设计大师科拉尼主持设计，采用仿生外观设计，注塑外壳，形成了 DF5000 型相机，一改海鸥产品原有的形象。

海鸥 DF-500 型相机

（1999 年）

此款照相机由上海照相机总厂生产。

乐凯牌 TC-305 型照相机

（1998 年）

此款照相机由乐凯胶片股份有限公司设计。胶片生产企业拓展产品线，以照相机为牵引，增加胶卷销售量，并借助乐凯胶卷成功的市场影响力，迅速进入市场并受到欢迎。

春花牌 XTW-80D 卧式吸尘器

(1990 年)

苏州春花吸尘器总厂根据日本生产的吸尘器，设
计了春花牌 XTW-80D 卧式吸尘器。吸尘器的
出现和普及，改变了中国人的生活方式，成为家
庭进入电器时代的一个重要标志。春花牌吸尘器
也成为全国其他品牌学习借鉴的对象。

红心牌蒸汽电熨斗

（1996 年）

红心牌电熨斗连年获得省,部级各种奖项。
1990 年 10 月,红心牌蒸汽电熨斗获得国
家银质奖,同年获得国家轻工业部出口金
奖。1995 年获得"上海名牌产品"称号。
1997 年,红心牌蒸汽电熨斗保持全国市
场占有率第一名,其出口量居国内同行之
首,是中国轻工业产品升级换代的标志性
产品。

落地收唱两用机

（1990 年）

该产品是武汉市无线电五厂生产的落地收唱两用机。

金星牌 C718 型 28 寸彩色电视机

（1991 年）

该款电视机是由深圳蜻蜓工业设计公司傅月明、俞军海设计，由上海金星电视机厂生产，是我国第一代大屏幕显像管电视机，被命名为"金星——金王子"，定位是引领金星品牌的高端产品。

长江牌落地组合收音机

（1992 年）

兰光牌立体声收录两用机

（20 世纪 90 年代）

该产品由深圳兰光电子有限公司生产。该机为七段电脑选曲，五频段音调均衡器，双速转录，自动连续放音，六喇叭双卡轻触式设计。

长虹牌 CK53A 型
平面直角遥控彩色电视机
（20 世纪 90 年代）

熊猫组合音响

（1997 年）

1958 年，国营南京无线电厂的龚剑泉与哈崇南曾经设计了熊猫牌 1501 型落地组合收放音机作为新中国成立十周年的献礼产品，后来作为赠送给外国政要的礼物，属于定制产品。80 年代中期，这一类产品的简化版逐步进入家庭。直到 20 世纪 90 年代初，熊猫牌、长江牌等组合音箱的推出，才真正实现了产品的升级换代，开启了家庭音响的时代。

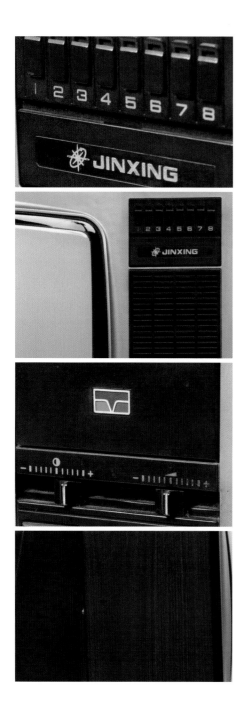

金星牌 C56-402 型彩色电视机

（20 世纪 90 年代）

金星牌 C56-402 型全频道集成电路彩色电视机由上海电视一厂制造生产。这是国内率先采用集成电路的彩色电视机，外观简洁大方。

万燕 VCD

（1993 年）

1993 年 9 月，万燕电子将 MPEG
技术成功地应用到音像视听产品上，
研制出世界上第一台 VCD 机 ——
VCD-320，从而开辟了一个全新的
视听娱乐电子消费产品领域。

新科 VCD-20C

（1996 年）

新科市场份额超过三星，成为 VCD
市场占有率第一名。

爱多 IV-720 型 VCD

（1997 年）

该品牌投放了大量广告，让爱多
VCD 家喻户晓，1998 年每个月出货
量超过 20 万台。

夏新
Pro-logic 功放 DH9063

（1999 年）

全球第一台采用数字方式处理芯片
Pro-logic 功放 DH9063 在夏新诞生，
并获得美国杜比实验室认证。

先科 DVD AL-P700K

（1998 年）

新科 DVD-858 影碟机

（1999 年）

该机型是新科 DVD 中的旗舰机种。

帝禾 DK-320TA

（1999 年）

中山帝禾科技是国内最早开发生产 DVD
机的影碟机企业, 主要和日本东芝公司进
行技术合作, 其推出的 DK-320TA 是顶
级机型 DK-320 的普及型, 属于国际第三
代 DVD, 售价更贴近普通大众。

长虹牌 DLP 背投电视机

（1999 年）

DLP 背投电视机由四川长虹电器股
份有限公司工业设计中心设计, 超薄
式设计是当时家电产品造型的流行
趋势。设计运用了悬浮屏陷入面框的
方式, 改变了以往背投面框设计的思
路。此外面板和面框运用金属装饰条
进行分割, 镜面效果金属装饰条提升
了产品的科技感和品质感。

TCL HA1868(X)P/T 伸缩电话机

（1996 年）
该款电话机由 TCL 皇牌电信有限公司设计生产。

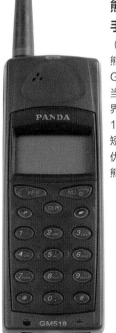

熊猫 GM518 自动双频手机

（1999 年）
熊猫电子集团有限公司推出的 GM518 自动双频手机，融合了当时多种先进技术，具有全中文界面、中文键盘输入、GSM9 00 ／1800 自动双频、完全支持中文短语信息（SMS）的各项服务等优点，在当时风靡一时，2000 年熊猫手机销售量达到了 70 万台。

康佳 3118 移动电话

（1999 年）
康佳集团股份有限公司推出具有自主知识产权的 3118 移动电话。

科健
GSM 手机 KGH-2000
（1998 年）
中国科健股份有限公司研发出中国第一部 GSM 手机 KGH-2000。

东信 EC528 手机
（1998 年）
东方通信股份有限公司成功研发出具有自主知识产权的手机产品——东信 EC528 手机，并通过 ETSI 发布的全面型号认定（FTA）第二阶段标准测试。

科健 KCH-6380C
双频手机
（1999 年）
1999 年，科健 KCH-6380C 双频手机，通过国际 GSM 权威机构的 FTA 认证，这是第一部国产品牌的双频手机。

波导 RC818 手机
（1999 年）
1999 年 8 月，波导推出第一台手机 RC818，次年波导销售移动电话 70 万台，夺得国产品牌移动电话销量第一，此后连续六年都是国产品牌手机销量冠军。

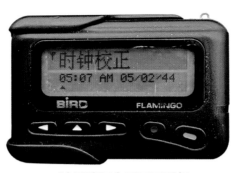

波导牌汉字显示寻呼机

（20 世纪 90 年代）

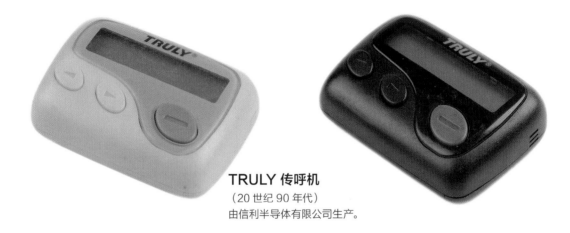

TRULY 传呼机

（20 世纪 90 年代）

由信利半导体有限公司生产。

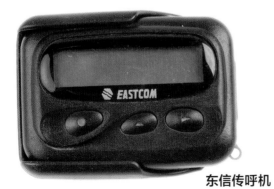

东信传呼机

（20 世纪 90 年代）

由东方通信股份有限公司生产。

好孩子童车

（1993 年）
中国销量第一的童车品牌好孩子，自
主研发出可以兼做摇篮的秋千式推
车。

步步高
HW007(2)P/TSD(LCD) 型
无绳电话

（1999 年）

飞人牌 JA6-1 型缝纫机

（20 世纪 90 年代）
上海缝纫机一厂所生产的家用缝纫
机，经过多年的设计发展，形成了 JA
型、JB 型、FB 型、JH 型（手提式电
动多功能轻金属缝纫机）以及电子多
功能缝纫机。其中，JA6-1 型缝纫
依然是采用铸铁工艺，但是其整体造
型更加趋于现代。

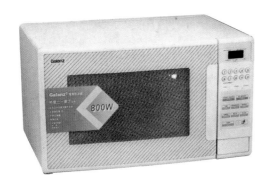

格兰仕微波炉

（20 世纪 90 年代）

1992 年广东格兰仕集团有限公司开始进入微波炉行业，"让微波炉进入中国百姓家庭"成为其企业理想。格兰仕从无到有，打破国外品牌在微波炉领域的独占格局。1993 年格兰仕试产微波炉 1 万台，1995 年以 25.1% 的市场占有率成为中国市场第一。1999 年产销突破 600 万台，跃升为全球最大专业化微波炉制造商。

小天鹅微电脑全自动洗衣机

（1993 年）

小天鹅全自动洗衣机开启了洗衣机设计的新里程。无锡洗衣机厂引进日本技术运用全自动控制方式设计，设计了良好的人机操作界面。用小天鹅爱妻型命名，实施了以大品牌牵引小品牌的战略，开创了一个全新的商业发展模式。

海尔小小神童洗衣机

（1996 年）

海尔针对夏季大容量洗衣机费水、费电的问题，开发了小小神童洗衣机。首先投放上海市场后大受欢迎，一度热销，很快风靡全国。两年售出 100 多万台，并出口日本、韩国。

海尔 XPB40-DS 洗衣机

（1998 年）

海尔针对农村市场推出此款洗衣机，该洗衣机不仅具有一般双筒洗衣机的功能，还能够洗地瓜、水果等，一经投放市场大受欢迎。

联想 386 微型计算机

（1991 年）

联想 486 微型计算机

（1992 年）

联想 586 个人电脑

（1993 年）

1993 年联想进入 " 奔腾 " 时代，
推出中国第一台 586 个人电脑。

金长城 S500 型微型计算机

（1994 年）

1994 年 9 月，由中国长城计算机集
团公司设计开发的第一批高档金长
城 S500 系列微型计算机正式投产。
1995 年，长城微型计算机产量突破
20 万台。这标志着中国计算机生产
跨上了一个新的台阶。

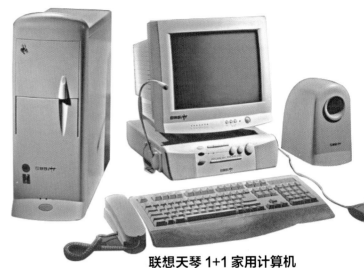

金长城 S400 型
多媒体教育微型计算机
（1995 年）
该产品是中国长城计算机集团公司
自主开发的第一种遥控多媒体国产
计算机。在国内第一次实现了自有品
牌微型计算机 7 项全能：全能多媒体
集成、全能中文操作、全能家电互联、
全能多媒体遥控、全能安全防护、全
能绿色节能、全能配置扩展，为计算
机进入我国广大家庭开拓了新的局
面。S400 型多媒体教育微型计算机
是一款应用十分广泛的机型。

联想天琴 1+1 家用计算机
（1998 年）
天琴 1+1 家用计算机由北京联想计
算机集团公司设计，整合了当时 IT
产业的新技术，创造和满足了当时中
国家庭用户对家用计算机的功能需
求和心理需求，在设计中综合考虑了
企业品牌形象、用户满足、IT 科技和
生产制造等多种因素。在信息产品消
费领域开启了大品牌拉动小品牌的
商业模式。

联想昭阳系列 S5100 型笔
记本电脑
（1996 年）
联想昭阳系列推出了第一台笔记本
电脑 S5100。在经历了十几年的发
展之后，联想昭阳系列也成为了国内
市场占有率最高的国产商用笔记本
品牌之一。

联想天鹭一体化电脑
（1998 年）
由蔡军、姚映佳主持设计的联想天
鹭一体化电脑，开启了中国一体化电
脑的发展序幕。

裕兴 98 型多媒体普及型电脑和裕兴专用调制解调器

（1998 年）

学习机在家用电脑和互联网没有普及时，为大众提供了学习电脑的机会。1998 年裕兴联合瀛海威推出 98 型多媒体普及型电脑，包含一个专用调制解调器，一张内含 YXNET.EXE 文件的 3.5 英寸软盘，连接之后便可上网。

联想电脑奔月 3000

（1999 年）

1999 年 7 月 21 日联想推出一款基于奔腾 III 处理器的高端商用功能电脑——奔月 3000。

联想天禧因特网电脑

（1999 年）

联想以让中国用户充分享受网络带来的便利为出发点，及时开发了提供全新易用体验的互联网电脑。天禧系列是全球第一家量产的 Flex-ATX 结构的主机，其贝壳造型设计也颇具特色。

轻骑牌摩托车生产线

（20 世纪 90 年代）

济南轻骑摩托车总厂生产轻骑牌系列摩
托车的流水线。

轻骑牌

QS90(K90) 型摩托车

（20 世纪 90 年代）

轻骑牌

QS125 型摩托车

（20 世纪 90 年代）

轻骑牌

QM100 型摩托车

（20 世纪 90 年代）

轻骑牌

QS100(K100) 型摩托车

（20 世纪 90 年代）

木兰牌 AG50 型摩托车

（20 世纪 90 年代）
该产品由济南轻骑摩托车总厂生产。

**木兰牌
QM50QW(TB50) 型
摩托车**

（20 世纪 90 年代）
该产品由济南轻骑摩托车总厂生产。

木兰牌摩托车

（20 世纪 90 年代）
该产品由济南轻骑摩托车总厂生产。

捷达 A2

（1991 年）

1991 年 2 月，一汽－大众汽车有限公司正式成立。1991 年 12 月 5 日，第一辆捷达 A2 轿车在一汽轿车厂组装下线。1992 年 1 月 21 日，开始进行首次捷达轿车国产化试验。作为一汽－大众诞生元年的第一款车型，捷达迅速以皮实耐用的产品特性红遍大江南北，并畅销中国 19 年，累计销售 197 余万辆，被誉为"车坛常青树"。

富康汽车

（1993 年）

1992 年神龙汽车有限公司在中国生产的法国雪铁龙 ZX 车定名为"富康"。它是我国首批合资汽车企业生产车型之一。

奇瑞 QQ

（1999 年）

1999 年 12 月 18 日，第一辆奇瑞轿车下线。奇瑞公司现有乘用车公司、发动机公司、变速箱公司、汽车工程研究总院、规划设计院、试验技术中心等生产、研发单位，具备年产整车 90 万辆、90 万台（套）发动机和变速箱的生产能力。

吉利自由舰

（1998 年）

1998 年 8 月，由吉利控股集团设计的第一辆吉利轿车下线。"造老百姓买得起的好车！"是其设计生产理念。

小福星家庭汽车

（1995 年）

由傅月明主持设计的中国第一辆小
福星家庭汽车，获得深圳市长杯奖。

红旗牌 CA7560LH

三排座高级轿车

（1994 年）

该车型是在红旗牌 CA770 基础上
改进而来的，由第一汽车制造厂生产，
1994 年称改进型 CA770，现在改
称为红旗 CA7560LH 三排座高级
轿车。

红旗牌 CA7220 型轿车

（1996 年）

20 世纪 90 年代初，在引进奥迪技
术的基础上恢复了红旗牌轿车的生
产。1996 年采用奥迪车架和基本造
型生产出 CA7220 型新红旗牌轿车，
也被称为"小红旗"。

红旗牌 CA7460 型轿车

（1998 年）

该款车是由第一汽车制造厂采用福
特汽车技术设计生产。

东风牌 EQ153 型
8 吨平头柴油车车头
（20 世纪 90 年代）

20 世纪 90 年代初，第二汽车制造厂更名为东风汽车公司，并推出 EQ153 型 8 吨平头柴油车（简称"八平柴"）。EQ153 是东风第一款重型车，在此基础上开发的三轴自卸车东风 EQ3208 系列，一度成为东风主打产品。

东风小霸王 W15
（1998 年）

该车由东风汽车有限公司生产。具有标准轻卡缩小版的轻盈车身，又有优于微卡的承重特性，成为承担城市配送与村镇物流的重要车型。

解放牌 J3 型平头载重车
（1995 年）

1995 年 5 月，具有划时代意义的第三代解放牌 J3 型 5 吨平头柴油载重车 CA150PL2 全面推向市场，这标志着第一汽车制造厂 40 多年只生产长头载重车的历史结束，开创了第一汽车制造厂商用载重车长、平头两大系列并举的新格局，同时彻底实现了解放牌载重车的柴油化。

黄海牌长途客车
（1990 年）

该车由丹东汽车制造厂生产。黄海牌长途大客车、城市大客车在 1990 年已经达到年产 10000 辆的生产能力，产品质量达到了同期国际水平。

东风牌 EQ2102 型
3.5 吨平头越野车

（1997 年）
该款车由东风汽车有限公司设计生
产。

华宇 BD562 无轨电车

（1991 年）
该款无轨电车由北京市电车公司制
配厂生产，一度成为城市公交主力车
型。

陕汽 SX2300

（20 世纪 90 年代）
陕西汽车制造厂第二代军车设计的
主要成果集中在 SX2300 系列产品
上，这是以更大重量牵引力为目标的
设计。

解放牌 J4 型重型
平头载重车

（20 世纪 90 年代）
20 世纪 90 年代末，第一汽车制造
厂推出了解放牌重型 9 吨、16 吨平
头柴油车两个载重车系列产品。

99 式坦克

（1996 年）
1996 年 5 月，国营 617 厂（现为内
蒙古第一机械集团公司）展开了第三
代坦克改进型原型车的总装工作，随
后，移交给军方进行试验，并将该坦
克命名为 ZTZ-99 式主战坦克。

运-8 气密型飞机

（1990 年）

运-8 气密型飞机于 1990 年完成样机总装，同年 7 月 15 日被运到强度所进行全机静力试验，11 月完成了 67% 全机静力试验。12 月，样机进行了首飞。

新舟飞机

（1993 年）

新舟 60 飞机是西安飞机工业公司在运-7 短 / 中程运输机的基础上研制、生产的 50 至 60 座级双涡轮螺旋桨发动机支线飞机。试验机于 1993 年 12 月 26 日首飞，1995 年开始适航试飞，1998 年 5 月适航试验型飞机取得了中国适航当局颁发的型号合格证。

东风牌 10D 型重载内燃机车

（1994 年）

大连机车车辆厂经过 3 年努力，于 1994 年 12 月研制成功了东风 10D 型重载内燃机车。

东风牌 10F 型准高速内燃机车

（1996 年）

该款车型由大连机车车辆厂研制。

运 -8F-100 邮政机

（1996 年）

1996 年 5 月，3 架运 -8F-100 飞机交付中国邮政航空公司，标志着运 -8 飞机首次进入国内民航领域。

歼 -7 EB 战机

（1994 年）

歼 -7EB 战机是沈阳飞机工业（集团）有限公司在歼 -7E 基础上专门为飞行表演生产的特种飞机，曾是八一飞行表演队的专用机，服役时间为 1995—2005 年。

东风牌 4D 型客运内燃机车

（1997 年）

1997 年大连机车车辆厂为适应 1997 年 4 月中国铁路第一次大提速的需要，在东风 4C 型机车基础上开发了一种新型客运内燃机车——东风 4D 型客运内燃机车。

东风牌 5B 型重载调车机车

（1996 年）

此款机车由大连机车车辆厂制造。

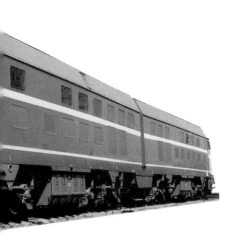

图书在版编目（CIP）数据

中国制造 1949-1999：中国工业设计谱系 / 刘斐著
. -- 上海：上海人民美术出版社，2022.1
ISBN 978-7-5586-1884-0

Ⅰ.①中… Ⅱ.①刘… Ⅲ.①工业设计－年谱－中国
－1949-1999 Ⅳ.① TB47

中国版本图书馆 CIP 数据核字 (2020) 第 252348 号

中国制造 1949-1999：中国工业设计谱系

主　　编：魏劭农
作　　者：刘　斐
图书策划：孙　青
责任编辑：孙　青
整体设计：译出传播　孙吉明　朱凤瑛
技术编辑：史　湧
出版发行：上海人民美术出版社
社　　址：上海市闵行区号景路 159 号 A 栋 7 楼
印　　刷：上海丽佳制版印刷有限公司
开　　本：889×1194　1/16
印　　张：17.25 印张
版　　次：2023 年 1 月第 1 版
印　　次：2023 年 1 月第 1 次
印　　数：0001-1250
书　　号：ISBN 978-7-5586-1884-0
定　　价：268.00 元